Abdulganiyu Malik

Évaluation de la farine de jacinthe d'eau en tant qu'aliment pour les poulettes

Abdulganiyu Malik

Évaluation de la farine de jacinthe d'eau en tant qu'aliment pour les poulettes

ScienciaScripts

Imprint
Any brand names and product names mentioned in this book are subject to trademark, brand or patent protection and are trademarks or registered trademarks of their respective holders. The use of brand names, product names, common names, trade names, product descriptions etc. even without a particular marking in this work is in no way to be construed to mean that such names may be regarded as unrestricted in respect of trademark and brand protection legislation and could thus be used by anyone.

Cover image: www.ingimage.com

This book is a translation from the original published under ISBN 978-3-659-84816-2.

Publisher:
Sciencia Scripts
is a trademark of
Dodo Books Indian Ocean Ltd. and OmniScriptum S.R.L publishing group

120 High Road, East Finchley, London, N2 9ED, United Kingdom
Str. Armeneasca 28/1, office 1, Chisinau MD-2012, Republic of Moldova, Europe
Managing Directors: Ieva Konstantinova, Victoria Ursu
info@omniscriptum.com

Printed at: see last page
ISBN: 978-620-8-56829-0

ÍNDICE DE CONTEÚDOS

DEDICAÇÃO

Esta obra é dedicada a ALLAH *subhanahu wa ta'la* - o Deus Omnipotente, Omnisciente e Omnipresente - que é Omnipotente, Omnividente, Omnisciente e Omnisciente.

Que as Suas misericórdias e bênçãos permaneçam connosco para sempre!

É também dedicado à minha querida mãe, Sra. Zainab Omodunbi Muhammad, por todo o seu amor, carinho e orações - que ajudaram a sustentar-me desde o berço até esta idade. Que a sorte de ALLAH continue a sorrir-vos até ao fim dos vossos dias!

AGRADECIMENTOS

A minha maior gratidão vai, antes de mais, para Alá *subhanahu wa ta'ala* por me ter mantido vivo até hoje. Agradeço-Lhe por isso e por me ter dado a oportunidade de iniciar e concluir com êxito o meu programa de doutoramento. Que Ele continue a ser misericordioso para comigo e para com a minha família; que nos abençoe, nos guie e nos promova ao mais alto nível de conquistas e realizações na vida. A Ele pertence, sem dúvida, todo o louvor e toda a glória!

A minha gratidão vai para a Chefe de Departamento do Departamento de Produção Animal, Dra. (Sra.) I. C. Alemede. Chamamos-lhe carinhosamente Anti Iyabo. É uma mãe, uma irmã e uma líder determinada. Rezo para que Alá Todo-Poderoso continue a guiá-la, a ajudá-la e a fazer com que o seu mandato como Chefe do Departamento de Produção Animal seja memorável e frutuoso!

Os meus sinceros agradecimentos ao meu Supervisor Principal, Dr. Ayo Aremu. Não só foi um supervisor competente, como também desempenhou o papel de irmão mais velho, pai, mentor e conselheiro, tudo num só, durante a realização deste programa de investigação. Estou-lhe imensamente grato por ter suportado com toda a responsabilidade as muitas dores de cabeça e vicissitudes que se abateram sobre nós no decurso deste trabalho de investigação. Hoje, tornaram-se realizações de que todos nos orgulhamos. Estou igualmente grato pelos contributos do Professor B. A. Ayanwale, um dos meus co-orientadores. Agradeço-lhe especialmente pelos seus olhos de águia que detectaram erros e anomalias no meu trabalho e os apontaram prontamente; e por ter vindo em meu auxílio em alturas de crise financeira. Ao Prof. Abdulmojeed T. Ijaiya, devo uma grande gratidão pelos seus favores e assistência fraterna. Não só foi meu co-orientador, como também foi o anterior Diretor do Departamento de Produção Animal. Era meu irmão, tio, amigo e colega de confiança. Que Alá todo-poderoso continue a elevá-lo a maiores alturas!

A minha gratidão vai também para outros professores e colegas ilustres do Departamento de Produção Animal. O primeiro de entre eles é o Prof. T. Z. Adama. Outros incluem: Dr. S. S. A. Egena, Dr. D. N. Tsado, Dr. E. Z. Jiya, Dr. S. K. Yahaya e Dr. J. O. Alabi; Mal. M. J. Ibrahim e Mal. A. H. Dikko. Estou igualmente grato ao Dr. C. E. Chinma, ao Dr. J. C. Anuonye e ao Dr. B. O. Ocheme do Departamento de Ciência e Tecnologia Alimentar. Estou igualmente grato a outros membros do Departamento de Produção Animal e do Departamento de Ciência e Tecnologia Alimentar, que são demasiado numerosos para serem mencionados aqui. Digno de menção é o contributo da Sra. Atikatu Suleiman da Universidade de Abuja para o sucesso deste Programa de Investigação; ela foi uma verdadeira amiga e colega. Desejo-lhe também uma conclusão bem sucedida do seu programa de doutoramento!

Estou, de facto, muito grato às minhas adoráveis esposas, a Sra. Sherifat Olayemi Abdulmalik e a Sra. Rasheedat Ajoke Abdulmalik, por me terem apoiado pacientemente e suportado comigo todos os problemas e dificuldades associados a este Programa de Investigação. Estou igualmente grato aos meus filhos e familiares: Abdulhafeez Abdulmalik, Aisha Abdulmalik, Mardiyah Abdulmalik, Barakah Musa, Ibrahim Salihu, Kamaldeen Jimoh, Fatimah Ronke Muhammad, Nafisat Alaho e à minha mãe, Sra. Zainab Omodunbi Muhammad. Agradeço a todos os vossos contributos para a conclusão bem sucedida deste programa. Estou igualmente grato ao meu falecido pai, Mallam Abdulmalik Suleiman, por me ter trazido a este mundo e por ter sido um pai amoroso. Embora ele não esteja aqui para gozar o fruto do seu trabalho, rezo sinceramente para que Alá Todo-Poderoso tenha piedade da sua pobre alma. *Bi jai qul huwa allahu! Aaamin!!!*

Estou de facto muito grato ao Sr. Toyin Ojo e família e ao Sr. Lawrence Ojo e família. Eles alojaram-me gentilmente durante a minha estada em Lokoja, enquanto recolhia a omnipresente planta Jacinto-de-água nas margens e afluentes do rio Níger. Agradeço-vos a todos pelo vosso amor fraterno, bondade e compaixão.

Não posso deixar de agradecer e de manifestar o meu apreço especial aos meus amigos e irmãos chefes: Mal. Sheriffdeen Fowomola e família; Mal. Abdulkhabir Ibrahim e família; Mal. Muftau Ojulari e família; Mal. Kamaldeen Ibrahim e família; Arquiteto Abdulganiyu Salako e família; Mal. Ahmad Sardauna e família; Magistrado Abdulkadir Muhammad e família e Sr. e Sra. Alex Akande e família. Reconheço também as contribuições especiais dos meus tios: Mal. Salihu Nahibi e família; Mal. Musa Ajayi e família e Mal. Saka Muhammad e família. Estou muito grato a todos os outros, demasiado numerosos para serem mencionados aqui, que contribuíram direta ou indiretamente para o meu sucesso na vida em geral e para o sucesso deste projeto de investigação em particular.

Estou especialmente grato a Mamman Hussaini e Abubakar Yabagi, que me ajudaram na gestão das aves experimentais e na recolha de dados das aves; e ao Sr. Yohanna Audu pela análise laboratorial de algumas das minhas amostras. Estou também grato ao Sr. Kuragba, que esteve sempre presente para a rápida manutenção do equipamento de laboratório utilizado para as análises durante o curso deste projeto de investigação, especialmente o forno elétrico.

Por último, agradeço ao Professor S. O. E. Sadiku, Vice-Reitor Adjunto (Administração), pelo seu aconselhamento especializado e orientação na análise estatística dos meus dados; e agradeço ao Dr. M. T. Salaudeen por ter efectuado a análise estatística dos meus dados de campo. Reconheço também as contribuições dos meus alunos do nível 500 de Produção Animal, tanto do passado como do presente. Desejo-vos sucesso em todos os vossos empreendimentos futuros. Que sejam sempre bons embaixadores desta grande e gloriosa instituição de ensino!

Obrigado a todos! Que as bênçãos de Alá continuem a acompanhar-vos!

RESUMO

Um total de 300 frangas de um dia da estirpe Isa Brown foram alimentadas com dietas contendo 0, 5, 10 e 15 % de níveis de inclusão na dieta de farinha de jacinto de água (WHM) para formar as dietas 1, 2, 3 e 4, respetivamente. Cada dieta foi administrada a 75 aves, consistindo em 3 réplicas de 25 aves por réplica, durante 8 semanas. No final da 7.ª semana, três aves por réplica foram selecionadas aleatoriamente e transferidas para gaiolas de metabolismo especialmente construídas para um ensaio de digestibilidade que durou uma semana; composto por três dias de período de ajustamento e quatro dias de período de recolha de fezes. No final da 8.ª semana da experiência, foram selecionadas aleatoriamente duas aves por réplica para a colheita de sangue. Foram colhidas amostras de sangue das veias jugulares das aves em tubos de ensaio tratados com e sem o anticoagulante EDTA para obter sangue total e soro, que foram utilizados para a determinação dos parâmetros hematológicos e bioquímicos, respetivamente. Além disso, no final da 8.ª semana, duas aves por réplica foram submetidas a um jejum de 12 horas, pesadas e abatidas por exsanguinação manual. De seguida, foram vestidas e as suas caraterísticas de carcaça foram determinadas. Os resultados mostram que não houve diferenças significativas (p>0,05) no peso corporal inicial, peso corporal final, ganho de peso corporal total, consumo semanal de ração, rácio de conversão alimentar, eficiência energética e mortalidade entre os vários tratamentos dietéticos. Não se registaram diferenças significativas (p>0,05) na digestibilidade da matéria seca e das cinzas; mas a digestibilidade da proteína bruta, da fibra bruta, do extrato isento de azoto (NFE), bem como dos nutrientes digeríveis totais (TDN) foram significativamente diferentes (p<0,05) entre os tratamentos dietéticos. Não se registaram diferenças significativas (p>0,05) no peso vivo, peso de abate, peso depenado, peso eviscerado, peso vestido, carne na carcaça, osso na carcaça e relação carne/osso entre as dietas de controlo e WHM. Além disso, não houve diferenças significativas (p>0,05) no peso da cabeça, asas, pernil, coxa, pescoço, peito, dorso, coração, fígado, papo, moela e pulmões, mas houve diferenças significativas (p<0,05) no peso da coxa, rim, intestino e baço entre os tratamentos dietéticos. Não se registaram diferenças significativas (p>0,05) na concentração de hemoglobina (Hb), volume de células compactadas (PCV), concentração de glóbulos brancos (WBC), concentração de glóbulos vermelhos (RBC), volume corpuscular médio (MCV), hemoglobina corpuscular média (MCH) e concentração de hemoglobina corpuscular média (MCHC) entre os tratamentos dietéticos; enquanto que para os parâmetros bioquímicos, apenas a globulina (Glo) e a proteína total (TP) apresentaram diferenças significativas (p<0.05) diferenças significativas entre os tratamentos dietéticos. Assim, pode concluir-se que, para otimizar o desempenho do crescimento e a utilização dos nutrientes, a WHM pode ser incluída até 10 % nas dietas de frangos de carne (substituindo 50 % das vísceras de trigo), sem a adição de quaisquer enzimas exógenas; enquanto que pode ser incluída até 15 % nas dietas de frangos de carne (substituindo 75 % das vísceras de trigo) sem quaisquer efeitos prejudiciais nas suas caraterísticas de carcaça e perfil hematológico. Assim, uma erva daninha nociva que é um incómodo para todos pode agora servir como um recurso alimentar valioso para os pintos de frangos.

Capítulo 1

1.0 INTRODUÇÃO

1.1 Antecedentes do estudo

Um parapsicólogo nigeriano de renome, o Dr. Okunzua, olhando para a sua bola de cristal para as suas previsões anuais para 1985, fez uma famosa previsão sobre a erva do jacinto de água. Como citado por Edewor (1988, página 175), ele recuperou a seguinte comunicação da erva daninha, que era muito explícita: "Eu sou a folha; a folha da bênção e da fortuna. Trouxe comigo fortuna e riqueza para a Nigéria. Eu sou a folha; estou cheia de riqueza e de bênçãos...". "A questão é: o que é esta erva daninha detestável chamada jacinto de água? Poderá esta erva daninha, considerada um terror em muitas nações do mundo, ser transformada num ativo em vez de um passivo como é atualmente? Que papel significativo pode desempenhar na indústria de alimentação animal na Nigéria?

O jacinto-de-água, *Eichhornia crassipes* (Martius) Solms-Laubach, é uma espécie de erva daninha aquática que flutua livremente, com folhas largas e belas flores roxas ou lilás-azuladas, semelhantes a lírios de lavanda. Entrou pela primeira vez nas águas nigerianas através da cidade fronteiriça de Badagry, na costa sudoeste, por volta de setembro de 1984 (Oso, 1988). A atenção do público nigeriano só foi atraída para a invasão da lagoa de Lagos pelo jacinto de água no [dia] 9 de janeiro de 1985, quando a Autoridade Televisiva Nigeriana (NTA), Lagos, o apresentou na sua emissão. O apresentador da NTA, descrevendo-a como uma estranha erva daninha, apelou aos cientistas do país para que ajudassem a identificá-la e a determinar a sua origem e possíveis efeitos no ambiente.

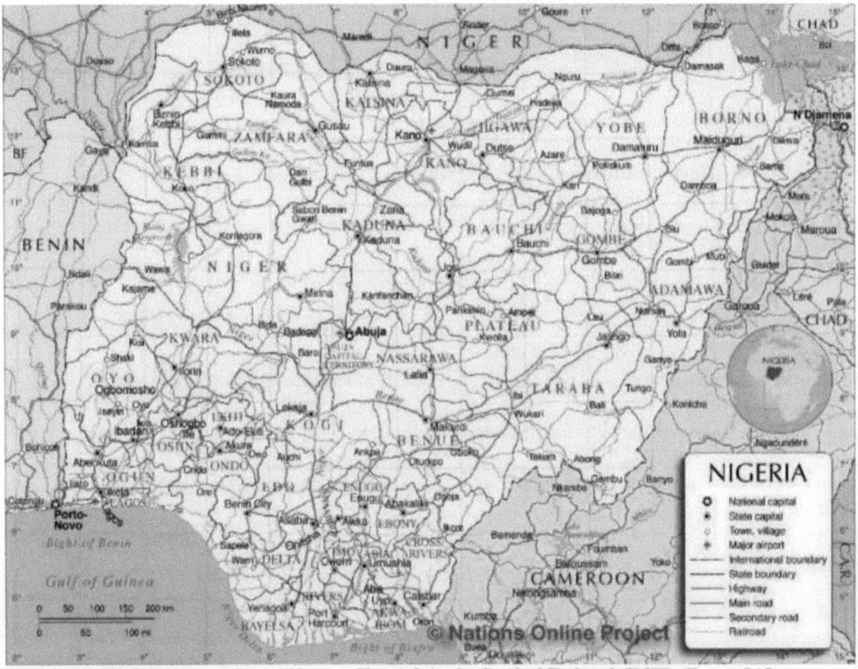

Figura 1.1 Nigéria com os 36 estados e o Território da Capital Federal (FCT) (Fonte: IAL NIGERIA LIMITED, 2015)

As investigações do Comité Interministerial sobre o jacinto de água, criado pelo Ministério Federal da Ciência e Tecnologia, revelaram mais tarde que a erva daninha foi transportada pela corrente de água para a Nigéria a partir da vizinha República Popular do Benim, chegando a Badagry por volta de setembro de 1984 e atingindo a Lagoa de Lagos em janeiro de 1985. Nessa altura, já tinha invadido todos os riachos, lagoas e enseadas entre a fronteira da Nigéria com a República do Benim e Lagos, tendo a lagoa de Yelwa ficado completamente coberta. Também se tinha deslocado das águas doces do riacho Badagry através da água salgada da lagoa de Lagos para as águas doces de Epe (a leste de Lagos), Iwopin (no estado de Ogun) e as águas doces de Okitipupa no estado de Ondo, onde a erva daninha cobria uma vasta área das lagoas e cursos de água, acabando por chegar ao estado de Edo (Figura 1). Nessa altura, o jacinto de água cobria uma superfície total de água de mais de 60 km^2 e uma distância de mais de 300 km dos cursos de água nigerianos (lagoas e riachos), desde a costa sudoeste da fronteira entre a Nigéria e a República de Benim até ao Estado de Edo. A área de cobertura abrangeu quatro estados, nomeadamente: Lagos, Ogun, Ondo e Edo (Ogunye, 1988).

Em consequência desta infestação, as populações das zonas afectadas tinham dificuldade em sair das suas cidades e aldeias e não podiam pescar. Ficaram completamente isoladas do resto do país e privadas do seu principal meio de subsistência - a pesca. O peixe tornou-se então caro no mercado em geral; e como não podiam sair das suas aldeias, os seus filhos não podiam ir à escola nas cidades vizinhas; nem podiam levar os seus doentes ao hospital; por conseguinte, foram registadas várias mortes nestas áreas devido à falta de acesso a cuidados médicos imediatos. Outras áreas das suas actividades comerciais, como o comércio e as compras com as cidades vizinhas, também foram afectadas negativamente. Os barcos de patrulha dos agentes da autoridade não puderam funcionar, enquanto a flutuação dos toros para a indústria da madeira foi terrivelmente dificultada. Estes foram alguns dos efeitos adversos da infestação de jacintos de água nas águas nigerianas no final dos anos 80 (Ogunye, 1988).

Atualmente, mais de duas décadas após a invasão, o jacinto de água tornou-se um problema nacional e internacional, causando grandes prejuízos à agricultura, às pescas, aos transportes e à navegação, bem como à população aquática, ao turismo e ao ambiente. Atualmente, o jacinto de água é considerado a erva daninha aquática mais nociva e devastadora do mundo devido ao seu crescimento prolífico. Espalhou-se por mais de 50 países do mundo, incluindo os EUA, a China, a Argentina, o Brasil, a Índia, o Sri Lanka, a Indonésia, a Tailândia, as Filipinas e o Egito; espalhou-se também pelo Sudão, Congo, Malawi, Quénia, Uganda, Ruanda, Burundi, África do Sul, Tanzânia, Zimbabué e Austrália. Em suma, tornou-se uma ameaça mundial, de tal modo que se realizaram numerosos workshops e simpósios internacionais sobre a sua luta biológica e integrada, mas o seu controlo completo continua a ser difícil (Julien, 2000). De facto, o jacinto de água tornou-se um nome familiar em vários países do mundo, incluindo os das regiões tropicais e subtropicais. Isto deve-se ao facto de se ter espalhado por todo o lado, criando problemas sempre que se estabelece.

São normalmente utilizados três métodos principais no controlo do jacinto de água: o controlo mecânico, o químico e o biológico. No caso da limpeza mecânica, o Governo nigeriano gastou milhões de nairas recorrendo a pescadores locais e a ceifeiras mecânicas, sem sucesso apreciável devido à rápida propagação da erva daninha. Da bacia amazónica da América do Sul (o seu local de origem), a erva daninha continuou a sua marcha cruel, mas magnífica, até às águas quentes tropicais da baía do Benim e da baía do Biafra. É uma planta prolífica com uma taxa de reprodução fenomenal, de tal forma que 10 plantas podem multiplicar-se vegetativamente até 600.000 plantas e virtualmente atapetar um acre (0,40 hectare ou 4046m^2) de água em apenas 8 meses (Khan e Thyagarajan, 1988). Numa observação, duas plantas-mãe produziram 300 descendentes em 23 dias e 1.200 em 4 meses! Se optar por se propagar sexualmente com sementes, pode produzir sementes que variam de algumas a 5.000 por planta - com as sementes permanecendo viáveis por pelo menos 15 anos! (Khan e Thyagarajan, 1988). Por isso, espalhou-se pelas regiões tropicais e subtropicais do mundo, colonizando lagos naturais, rios, cursos de água, represas artificiais, canais de irrigação e barragens. No Egito, a erva daninha não só afecta a irrigação, o fluxo de água, a utilização da água e a navegação, como também apresenta riscos para a saúde ao permitir a reprodução de mosquitos e esquistossomas (bilharziose) que são vectores da malária, encefalite e filariose (Shabana, Elwakil e Charudattan, 2000).

Outro método de controlo é o método químico, tendo sido utilizados vários herbicidas em todo o mundo para o controlo do jacinto de água. Entre os exemplos contam-se o Asulam, o 2,4-D, o Diquat, o Glifosato, o Ioxinil, o Paraquat e o Terbutryn. A utilização de produtos químicos é a estratégia de gestão mais comum e versátil para controlar a população de plantas aquáticas incómodas em todo o mundo. Os produtos químicos oferecem um controlo mais duradouro, são geralmente mais fáceis de aplicar, têm uma ação mais rápida e são frequentemente menos dispendiosos do que os métodos mecânicos. Mais ainda, envolvem um mínimo de mão de obra e equipamento e proporcionam flexibilidade e previsibilidade (Akinyemiju, Bewaji e Imevbore, 1988). No entanto, os herbicidas têm a desvantagem de poderem ter efeitos ambientais adversos e de terem de ser aplicados de forma cuidadosa e selectiva. Mesmo assim, existe sempre o risco de envenenamento do ecossistema aquático, levando à toxicidade para peixes, mamíferos e outros organismos aquáticos que vivem na água (Bateman, 2000).

O controlo biológico poderia constituir uma solução duradoura, rentável, sustentável e segura para o ambiente e é, teoricamente, o melhor método para resolver o problema do jacinto de água. Mas o seu desenvolvimento e aplicação podem demorar anos (Shabana *et al,* 2000).

Assim, apesar de todos os esforços de controlo mecânico, químico, biológico e integrado desenvolvidos em todo o mundo, o jacinto de água continua a ser uma ameaça mundial e está a propagar-se a novas regiões a uma velocidade alarmante. Estima-se que os custos recorrentes anuais associados ao jacinto de água a nível mundial sejam superiores a 100 milhões de dólares americanos (Joffee e Cooke, 1997). Só na China, o jacinto de água cresce em 17 províncias e tornou-se um desastre biológico. Estima-se que, todos os anos, mais de 100 milhões de RMB Yuan (equivalente a 12 milhões de dólares americanos) são gastos no controlo do jacinto de água em toda a China, mas a erva daninha mantém-se vigorosa e continua a espalhar-se. A erva daninha causa danos em mais de 10 províncias, tendo sido registados grandes danos em cinco províncias: Yunnan, Guangdong, Zhejiang, Fujian e Taiwan (Jianqing, Ren, Weidong e Guoliang, 2000).

Talvez a solução para o problema do jacinto de água resida no desenvolvimento do jacinto de água, que, do seu atual estatuto de ameaça, se torne um bem de valor nacional e internacional, encarando a planta como uma oportunidade em vez de um problema. O jacinto de água pode ser utilizado para fazer papel e placas de teto (na produção de contraplacado macio), para a produção de biogás, para fazer composto barato, para o tratamento de águas residuais (por exemplo, tratamento de efluentes de fábricas de óleo de palma e tratamento de efluentes da indústria da borracha), para a gestão da qualidade da água, para a produção de fertilizantes e como fonte de carbono ativado e negro de fumo através da briquetagem. Mais importante ainda, pode ser utilizado como suplemento alimentar para animais, tanto para gado como para peixes (Practical Action, 2008). Konyeme, Sogbesan e Ugwumba (2006) utilizaram a farinha de folhas de jacinto de água como alimento para peixes para substituir até 40% da farinha de peixe na dieta de alevins *de Clarias gariepinus*, sem diferença significativa (P>0,05) no ganho de peso entre as dietas de controlo e de teste. Na China, os criadores de porcos fervem o jacinto de água picado com resíduos vegetais, farelo de arroz, bagaço de copra e sal para fazer uma ração adequada; enquanto na Indonésia, o jacinto de água doce é cozinhado com farelo de arroz e farinha de peixe, e misturado com farinha de copra como ração para porcos, patos e peixes de lago (www.agripinoy.net). Os rebentos secos e esmagados de jacinto de água são utilizados em misturas de várias percentagens (2,5 - 10 %) com os alimentos normais para porcos, galinhas, patos, gado e coelhos (Soerjani, 1984). Assim, o jacinto de água, que é considerado um inimigo, é agora um potencial salvador da indústria de alimentação animal, que está atualmente a gemer sob o peso do elevado custo das rações e dos alimentos convencionais. A sua utilização pode ajudar a resolver alguns dos problemas de disponibilidade de alimentos para a indústria avícola na Nigéria.

1.2 Declaração do problema

Todos os anos são gastos milhões de dólares, em todo o mundo, no controlo e erradicação da odiosa erva daninha jacinto de água dos rios, lagos e outros cursos de água interiores, bem como de lagoas, mares e oceanos. Tornou-se uma ameaça e um terror para todas as nações do mundo. Como pode esta prolífica erva aquática, considerada um perigo em todo o mundo, ser transformada num bem de valor nacional, especialmente na produção animal, servindo como um valioso recurso alimentar para galinhas de ovos? Evidentemente, a criação de galinhas de ovos provou ser um aspeto mais rentável da produção avícola do que a criação de frangos de carne, uma vez que se estima que as aves poedeiras contribuem com 65-75 % da população total de aves de capoeira na Nigéria (Munira, Uddin, Faruque, Parvez, Miah e Siddiqui, 2006). Uma galinha poedeira moderna é capaz de produzir cerca de 300 ovos num ciclo normal de postura de um ano e pode atingir a maturidade sexual a partir das 16-18 semanas de idade, para além da carne residual obtida como poedeira usada no final do ciclo de postura (Coon, 2002).

1.3 Justificação do estudo de investigação

O sector avícola na Nigéria não tem sido capaz de produzir carne e ovos suficientes para a população humana existente (Dada, 2002). Um dos principais constrangimentos da produção em grande escala é o elevado custo dos ingredientes convencionais para a produção de rações de qualidade, devido à competição entre o homem e o gado por esses ingredientes (Adeniji, 2001; Esonu, Azubuike, Emenalom, Etuk, Okoli, Ukwu e Nneji, 2004). Por conseguinte, é conveniente explorar todas as vias possíveis para a aquisição de ingredientes alimentares baratos, facilmente disponíveis, mas qualitativos (que não competem com o homem pela sua utilização), que são considerados resíduos da transformação de alimentos vegetais, que não são diretamente utilizáveis pelo homem (Ogunfowora, 1984).

A infestação de massas de água doce por jacintos de água, incluindo rios, lagos, barragens e canais de irrigação, tornou-se um problema mundial (Jianqing *et al.,* 2000). Apesar das medidas de controlo integrado maciço instituídas em todo o mundo, com milhões de dólares gastos todos os anos, a erradicação total tornou-se uma miragem. A utilização da erva daninha como um alimento importante nas dietas das aves de capoeira mudaria o estatuto da erva daninha de uma ameaça para um bem de valor nacional e internacional. É necessário redefinir a planta como uma oportunidade em vez de um problema. De acordo com Abdel-sabour (2010), o verdadeiro desafio na saga do jacinto de água não é como se livrar desta erva daninha, mas como beneficiar dela e transformá-la numa cultura. Desta forma, milhões de dólares gastos todos os anos no seu controlo podem agora ser poupados; e, em vez disso, a planta pode ser usada para gerar muitas receitas.

1.4 Finalidade e objectivos do estudo de investigação

O objetivo do estudo de investigação é avaliar os efeitos da alimentação com dietas contendo níveis graduais de farinha de jacinto de água, em substituição das miudezas do trigo, no desempenho do crescimento, na digestibilidade dos nutrientes, nas caraterísticas da carcaça e no perfil hematológico de frangas.

Os objectivos do estudo de investigação são os seguintes

1. Determinar o efeito da alimentação com dietas contendo níveis graduais de farinha de jacinto de água (WHM), em substituição das miudezas do trigo (WO), no desempenho do crescimento, na digestibilidade dos nutrientes, nas caraterísticas da carcaça e no perfil hematológico de pintos de frangos.

2. Avaliar a economia da conversão alimentar de frangos de carne alimentados com dietas contendo diferentes níveis de farinha de jacinto de água (WHM) como substituto das vísceras de trigo (WO).

Capítulo 2

2.0 REVISÃO DA LITERATURA

2.1 A procura e a oferta mundiais de proteínas animais

A população mundial ultrapassa atualmente os 6 mil milhões de pessoas e está a crescer a uma taxa anual de cerca de 1,3 %. Estima-se que a população mundial se aproximará dos 7,7 mil milhões em 2020. Todos os anos, a população mundial aumenta em cerca de 86 milhões de pessoas, o suficiente para povoar uma nova nação maior do que a Argentina, o Canadá, a França, a Grã-Bretanha ou o México (Campbell, Kenealy e Campbell, 2003). O facto lamentável é que esta população mundial em constante crescimento tem de ser alimentada com alimentos de qualidade, ricos em nutrientes essenciais (especialmente proteínas); caso contrário, haverá o aparecimento de subnutrição e o desenvolvimento de doenças por carência de nutrientes entre a população. A deficiência de proteínas, quando a ingestão calórica é suficiente, leva a uma condição conhecida como *kwashiorkor*. Esta é caracterizada por um estômago dilatado, perda de cabelo e da cor do cabelo e um fígado dilatado. No entanto, quando a ingestão de proteínas e de calorias é insuficiente, ocorre uma situação conhecida como *marasmo*. Este caracteriza-se por uma paragem do crescimento, uma perda extrema de músculo (desperdício) e uma fraqueza geral do corpo (Kim e Radecki, 2004). Nos países avançados ou desenvolvidos do mundo, a deficiência de proteínas não é comum devido ao custo relativamente baixo e à disponibilidade de fontes de proteínas vegetais e animais comuns. Segundo Kim e Radecki (2004), os americanos consomem 1% a 2 vezes mais proteínas do que o necessário para manter uma saúde adequada.

A base pecuária da produção alimentar mundial é constituída por cerca de 14,1 mil milhões de galinhas, 1,5 mil milhões de bovinos e búfalos, 1,1 mil milhões de ovinos, 913 milhões de suínos, 829 milhões de patos e 710 milhões de cabras. Os cavalos e mulas são cerca de 80 milhões (Campbell *et al.,* 2003). A partir destes dados, é evidente que as aves de capoeira constituem cerca de 80% da população pecuária mundial. Pensa-se que o número de aves de capoeira criadas anualmente está a aumentar e que poderia aumentar ainda mais se os alimentos para animais estivessem mais disponíveis e fossem mais acessíveis.

De acordo com a FAO (2003), o crescimento do sector pecuário tem, de um modo geral, excedido sistematicamente o do sector agrícola; a nível mundial, a produção pecuária representa atualmente cerca de 40% do valor bruto da produção agrícola, prevendo-se que a procura total de produtos de origem animal nos países em desenvolvimento mais do que duplique até 2030. Satisfazer, aumentar e alterar a procura de produtos alimentares de origem animal, mantendo ao mesmo tempo a base de recursos naturais (solo, água, ar e biodiversidade), é um dos principais desafios que a agricultura mundial enfrenta atualmente. O mundo no seu conjunto tem vindo a registar progressos no sentido de melhorar a segurança alimentar e a nutrição, o que é evidente nos aumentos substanciais da oferta de alimentos per capita alcançados a nível mundial e para uma grande parte da população dos países em desenvolvimento. No entanto, os progressos têm sido lentos e desiguais. De facto, muitos países e grupos populacionais não conseguiram realizar progressos significativos e alguns deles sofreram mesmo retrocessos na sua já frágil situação de segurança alimentar e nutricional. Atualmente, a humanidade continua a ser confrontada com a dura realidade da subnutrição crónica que afecta mais de 800 milhões de pessoas: 17% da população dos países em desenvolvimento e 34% da África Subsariana (FAO, 2003). Fazendo projecções sobre o estado da agricultura mundial até ao ano 2030, prevê-se que o consumo anual de carne nos países em desenvolvimento aumente de 25,5 para 37 kg por pessoa, em comparação com um aumento de 88 para 100 kg nos países industrializados. O consumo de leite e produtos lácteos aumentará de 45 kg/pessoa/ano para 66 kg nos países em desenvolvimento e de 212 para 221 kg nos países industrializados. Relativamente aos ovos, o consumo aumentará de 6,5 para 8,9 kg nos países em desenvolvimento e de 13,5 para 13,8 kg nos países industrializados (FAO, 2003). De acordo com este relatório, na África Subsariana, postulou-se que os baixos níveis de consumo de produtos animais pouco mudaram nos últimos 30 anos: constituindo apenas cerca de 5% da contribuição para o consumo de calorias per capita, o que é cerca de metade da percentagem dos países em desenvolvimento no seu conjunto e um quinto da dos países industrializados. A contribuição do leite para o total de calorias e proteínas per capita manteve-se constante nos últimos anos, o que indica um aumento da disponibilidade total de leite equivalente ao aumento da população. Estas projecções sobre a África Subsariana estão em conformidade com as conclusões de Tacher, Letenneur e Camus (2000), que afirmam que a África Subsariana está globalmente subnutrida. De acordo com estes autores, o consumo médio diário por habitante é de 5,8 g de proteínas da carne (menos 2,3 g do que a média mundial) e 2,9 g de proteínas do leite (menos 2,3 g do que a média mundial). Além disso, o valor total estimado da produção animal na África Subsariana no ano 2000 foi de 18,5 mil milhões de dólares americanos, o que representou apenas 35% do Produto Interno Bruto agrícola total. Assim, nos países em desenvolvimento do mundo em geral e na África Subsariana em particular, o consumo per capita de produtos de origem animal é ainda inferior a um terço do dos países industrializados, pelo que continua a existir um potencial significativo para aumentar a contribuição dos produtos de origem animal para o regime alimentar, tanto em termos absolutos como percentuais (FAO, 2003).

No que respeita à produção avícola, infelizmente, a situação não parece dar lugar a grandes regozijos. Em 2010, a população humana em África ultrapassou os mil milhões. O contraste entre a situação em África e na Oceânia (onde se situam a Austrália, a Nova Zelândia e as Ilhas Fiji) não podia ser mais acentuado. Embora o consumo médio estimado de carne de aves de capoeira por pessoa e por ano em África tenha aumentado cerca de 13 %, passando de 4,0 kg para 4,5 kg entre 2000 e 2007, não conseguiu igualar a média mundial, que aumentou 16 %, passando de pouco menos de 11 kg para cerca de 12,6 kg. Os dados correspondentes relativos à Oceânia revelam um aumento maciço de 23 % da quantidade consumida, que passou de 30 kg para mais de 37 kg por pessoa e por ano. No ano que terminou em junho de 2009, por exemplo, os neozelandeses consumiram cerca de 140 000 toneladas de aves de capoeira, o que representa 36 % do total de carne consumida no país durante esse ano (Evans, 2010).

Na Nigéria, com uma população estimada em mais de 150 milhões de habitantes, o consumo médio de aves de capoeira aumentou de 1,3 kg, em 2000, para 1,7 kg por pessoa e por ano, em 2007, o que é baixo quando comparado com a África do Sul, um país africano vizinho, cujo consumo per capita de carne de aves de capoeira aumentou de 20,2 kg em 2000 para 25,0 kg por pessoa em 2007 (Evans, 2010). Isto mostra que é necessário melhorar significativamente a produção pecuária em geral e a produção de aves de capoeira em particular na Nigéria.

2.2 O sector das aves de capoeira na Nigéria

Atualmente, no mundo, a produção avícola tem registado mais progressos do que qualquer outro domínio da agricultura, exigindo, por isso, a assistência de muitos profissionais aplicados e auxiliares, tais como bioquímicos, nutricionistas, geneticistas, patologistas, veterinários, engenheiros, transformadores de alimentos, industriais, fabricantes de rações e de equipamentos, farmacêuticos, estatísticos, agricultores, profissionais do sector financeiro e bancário, bem como funcionários de ministérios e organismos paraestatais (Evans, 2010). Na Nigéria, a agricultura emprega cerca de dois terços da força de trabalho total, contribuiu com 42,2% do Produto Interno Bruto (PIB) em 2007 e fornece 88% das receitas de exportação não petrolíferas. O PIB agrícola é constituído pelas culturas (85 %), a pecuária (19 %), a pesca (4 %) e a silvicultura (1 %) - [Manyong, Ikpi, Olayemi, Yusuf, Omonona, Okoruwa e Idachaba, 2005]. De acordo com o jornal DAILY TRIUMPH de quarta-feira, 4 de março de 2009, o subsector das aves de capoeira é o mais comercializado de todos os subsectores da agricultura nigeriana, envolvendo 10% da população e sendo responsável por menos de 15-18% das oportunidades de emprego no país. Os tipos de aves de capoeira habitualmente criados na Nigéria são as galinhas, os patos, as pintadas, os perus, os pombos e, mais recentemente, as avestruzes e as codornizes. As que têm importância comercial ou económica e são comercializadas em grande número são as galinhas, as pintadas e os perus, entre os quais predomina a galinha. Em termos de produção comercial, a galinha tem sido a mais explorada e constitui a espinha dorsal da indústria avícola na Nigéria. De acordo com Osakwe (2006), a população de aves no sector avícola da Nigéria é de cerca de 140 milhões e o sector contribui com cerca de 9% para o PIB do país.

As aves de capoeira são criadas ao abrigo de dois sistemas distintos de produção avícola: a avicultura comercial (em explorações de pequena ou média dimensão) e a avicultura rural. É um facto que as aves de capoeira rurais, mantidas por famílias, constituem a maior parte da população de aves de capoeira na Nigéria, num sistema extensivo e com poucos factores de produção (Sonaiya, 1995). As galinhas indígenas estão largamente distribuídas nas zonas rurais dos países tropicais, onde são mantidas pela maioria dos pobres das zonas rurais e contribuem com mais de 50% do total de ovos e carne consumidos (Mukherjee, 1992). Estas aves são criadas em sistemas de gestão extensiva, caracterizados por um baixo investimento de capital e, consequentemente, por baixos riscos económicos (Gichohi e Maina, 1992). Os produtores são geralmente pequenos proprietários, indivíduos sem terra e trabalhadores industriais que criam estas aves devido à sua adaptabilidade e compatibilidade com o ambiente e as actividades dos proprietários. Estas galinhas são resistentes, adaptam-se bem aos ambientes rurais, sobrevivem com poucos factores de produção e ajustam-se às flutuações da disponibilidade de alimentos (Kingori, Tuitoek, Muiruri e Wachira, 2003).

O desenvolvimento e o crescimento do sector avícola comercial na Nigéria tem sido marcado por muitos altos e baixos. Houve alturas em que o subsector registou um crescimento rápido, em resultado de políticas governamentais favoráveis, e outras em que caiu a pique, em consequência de medidas adversas e/ou de surtos de doenças. Antes de 1999, o sector estava muito depreciado e maltratado, pois o país assistia à importação maciça de produtos avícolas variados do estrangeiro. Os produtores locais foram então forçados a fechar as portas devido ao elevado custo de produção e ao baixo nível de patrocínio, uma vez que os seus produtos não podiam competir eficazmente com os produtos congelados importados (Ugwu, 2007). Para salvar a indústria do colapso total, vários organismos e partes interessadas tomaram a seu cargo a procura de melhores políticas do governo para a indústria. Em 1999, o governo civil de Olusegun Obasanjo proibiu a importação de todos os produtos avícolas para o país. Foi uma ação singular que salvou a indústria avícola do colapso. A proibição provocou uma reviravolta na indústria avícola, que registou um crescimento de 10,3% em 2003, em comparação com os 0,3% obtidos nos anos anteriores. Este crescimento deveu-se em parte à proibição e também à utilização de serviços veterinários por muitos agricultores (CBN, 2004). Depois, em fevereiro de 2006, surgiu o surto de gripe aviária (gripe das aves). A doença foi registada pela primeira vez na parte norte da Nigéria, especificamente nas explorações agrícolas de Sambawa, no Estado de Kaduna (propriedade do antigo Ministro dos Desportos, Alhaji Saidu Samaila Sambawa). Com este único relatório, a onda repercutiu-se nos cantos e recantos do país, afectando seriamente a indústria avícola da Nigéria. De acordo com Osakwe (2006), a gripe aviária causada pelo vírus H5N1 levou ao abate de 700 000 aves, com o pagamento de indemnizações aos agricultores no valor total de 560 milhões de nairas (cerca de 44 milhões de dólares americanos).

Atualmente, na Nigéria (2015), uma das maiores necessidades do sector avícola é a intervenção do governo para criar ambientes favoráveis que conduzam à comercialização de pequenas e médias empresas avícolas. Afinal de contas, a Nigéria é abençoada com uma riqueza estupenda (recursos humanos e materiais) e tem obtido receitas fabulosas com a venda de petróleo bruto. Estima-se que, entre maio de 1999 e junho de 2008, a Nigéria gerou 30,78 biliões de nairas, provenientes da venda de petróleo bruto no mercado internacional (DAILY TRIUMPH, quarta-feira, 4 de março de 2009). Investir apenas 1% deste montante no vibrante subsector avícola revolucionaria a indústria avícola na Nigéria!

Outro grande problema do sector é o elevado custo dos alimentos para animais, ocasionado pelo elevado custo das fontes convencionais de energia e de proteínas (Esonu *et al,* 2004). O custo crescente destes alimentos convencionais tem sido o principal estímulo para a procura contínua de alimentos alternativos de elevado valor nutritivo, que sejam mais baratos, disponíveis localmente e com pouca ou nenhuma competição entre o homem e o seu gado (Adeniji, 2001). Esta procura, embora meticulosa e cansativa, poderá em breve produzir alguns bons resultados que poderão ter efeitos reverberantes positivos na indústria avícola da Nigéria!

2.3 Necessidades nutricionais das frangas

Quando se discutem as necessidades nutricionais das frangas, devem ser feitas algumas considerações iniciais. Em primeiro lugar, há que conhecer o potencial genético das raças e as linhas genéticas disponíveis no mercado, incluindo os respectivos perfis de produção durante o ciclo produtivo. Por exemplo, a eficiência de utilização de energia pelas poedeiras é intrínseca a algumas das suas caraterísticas genéticas. Harms, Russel e Sloan (2000a) mostraram que a energia necessária para produzir 1 g de ovo era de 5,78, 6,09, 6,35 e 6,60 Kcal para as linhas Hy-Line W36, Hy-Line W98, Dekalb White e Hy-Line Brown, respetivamente. Em segundo lugar, a vida produtiva de uma poedeira envolve dois ciclos: um ciclo normal e um segundo ciclo promovido pela muda forçada, cada um com níveis de produção específicos. Em terceiro lugar, existe o conceito de alimentação por fases e de ingestão diária de nutrientes, ambos susceptíveis de serem utilizados pelos nutricionistas. Por último, as necessidades em nutrientes podem ser expressas em percentagem da dieta ou em quantidade (g ou mg) do nutriente por ave e por dia ou por unidade de produto, como a massa de ovos ou o teor de ovos por ovo e por dia.

2.3.1 Necessidades energéticas

O nível de energia das dietas para poedeiras é o fator que mais influencia o consumo de ração e o desempenho das aves, bem como o custo da formulação. Por definição, a energia não é um nutriente, mas uma propriedade que os nutrientes têm de produzir quando oxidados durante o metabolismo. O nível de energia é normalmente selecionado como ponto de partida para a formulação da dieta e é a base para a determinação de outros nutrientes, como a proteína bruta, os aminoácidos, os ácidos gordos e os minerais. As necessidades energéticas das frangas são influenciadas por factores como o peso corporal, o ganho de peso corporal, a produção de massa de ovos, o grau de plumagem, a temperatura ambiente, a composição do corpo e dos ovos e a eficiência da utilização dos nutrientes da dieta para a deposição nos tecidos e nos ovos (NRC, 1994).

De acordo com Zollitsch, Cao, Peguri, Zhang, Cheng e Coon (1996), as temperaturas ambientais estivais que diminuem o consumo de ração e as necessidades energéticas das frangas podem trazer benefícios económicos, desde que as temperaturas não sejam extremas e que a concentração de nutrientes na dieta seja aumentada para compensar a redução do consumo de ração. Leeson e Summers (1997) salientaram que, em condições de stress térmico, os níveis de energia da dieta podem ser alterados, permitindo que a própria ave regule o consumo de ração de acordo com as suas necessidades. No entanto, o equilíbrio entre os nutrientes deve ser mantido. De acordo com Forbes (1995), as poedeiras ajustam o consumo de ração para suprir as suas necessidades energéticas quando a concentração de energia da dieta é alterada, mas esta compensação pode não ser perfeita. Forbes (1995) observou que as galinhas poedeiras alimentadas com dietas de alta energia ganharam mais peso durante um período de 112 dias do que as alimentadas com uma dieta de baixa energia. O ajuste voluntário do consumo de ração não é eficiente para evitar alterações no consumo de energia metabolizável, particularmente quando o baixo consumo está associado a uma baixa produção de ovos e a uma temperatura ambiental elevada.

O quadro 2.1 mostra que, a uma temperatura ambiente de 18ºC, as aves regulam a ingestão de alimentos de acordo com o nível de energia da dieta, mas há uma ingestão excessiva de energia. À medida que a temperatura ambiente aumenta para 30 ^{0}C, a regulação do consumo de ração pelo nível de energia da ração é menos eficiente e as aves continuam a ingerir energia em excesso (Leeson e Summers, 1997). De acordo com estes autores, podem ser utilizados vários métodos para estimular o consumo de ração quando as aves estão sujeitas a temperaturas ambientais elevadas, tais como o fornecimento de ração várias vezes por dia, o aumento da densidade de nutrientes na ração, a manutenção de iluminação artificial em caso de calor ambiental extremo para permitir que as aves se alimentem durante a noite, a melhoria da palatabilidade da ração (através da adição de melaço, gordura vegetal ou água) e da textura da ração (pequenos granulados, com partículas inferiores a 2,4 mm, tendem a melhorar o consumo de ração). Num estudo recente, Harms, Russel e Sloan (2000b) avaliaram três níveis de energia (2519, 2798 e 3078 Kcal EM/kg) para poedeiras com 36 a 44 semanas de idade e não encontraram qualquer efeito sobre a produção de ovos, mas o consumo de ração foi 8,5% mais elevado para as aves alimentadas com a dieta de controlo contendo 2798 Kcal. Por outro lado, o consumo de ração das aves alimentadas com a dieta de alta energia (3078 Kcal/kg) foi apenas 1,5% inferior ao do grupo de controlo. Os autores concluíram que as poedeiras se adaptam melhor a uma diminuição do que a um aumento da energia alimentar.

O grau de plumagem também interfere nas necessidades energéticas das aves. Assim, ao alojar as aves, tanto a temperatura ambiente como a percentagem de penas devem ser consideradas. O Quadro 2.2 mostra a influência do grade plumagem nas necessidades energéticas das galinhas poedeiras.

Quadro 2.1

EM (Kcal/kg)	18 0C		30 ^{0}C	
	Ingestão (g/dia)	EM (Kcal/dia)	Ingestão (g/dia)	EM (Kcal/dia)
2860	127	363	107	306
3060	118	360	104	320
3250	112	364	102	330
3450	106	365	101	350

Fonte: Payne (1967) citado por Leeson e Summers (1997).

Quadro 2.2 Necessidades de energia metabolizável para manutenção (Kcal EM/kg) da poedeira

frangos com 0 %, 50 % e 100 % de penas, durante um período de 6 semanas,

submetidos a temperaturas de 12,8 ^{0}C, 23,9 ^{0}C e 33,9 ^{0}C

Temperatura (^{0}C)	Emplumação (%)			Média
	100	50	0	
12.8	110c	147b	190a	149x
23.9	99d	116c	137b	117y
33.9	71e	80e	99d	83z
Média	96 o	112 n	142 m	

Fonte: Faria e Santos (2007).

a-e Médias seguidas da mesma letra não diferem entre si (p>0,05)
o-m Médias seguidas da mesma letra na mesma linha não diferem entre si (p>0,05)
x-z Médias seguidas da mesma letra na mesma coluna não diferem entre si (p>0,05)

De acordo com as recomendações do NRC (1994), em climas temperados, as necessidades energéticas de frangas de 0 a 6 semanas, frangos de 6 a 14 semanas, frangos de 14 a 20 semanas, galinhas poedeiras e galinhas reprodutoras são de 2.900 Kcal/kg, 2.900 Kcal/kg, 2.900 Kcal/kg, 2.900 Kcal/kg e 2.900 Kcal/kg de dieta, respetivamente. No entanto, Olomu (2011) recomendou, para galinhas poedeiras criadas nos trópicos, necessidades de energia metabolizável de 2650 Kcal/kg, 2650 Kcal/kg, 2650 Kcal/kg, 2500 Kcal/kg e 2500 Kcal/kg para frangas de 0 a 8 semanas, frangas de 8 a 16 semanas, frangas de 16 a 20 semanas, galinhas poedeiras e galinhas reprodutoras, respetivamente.

Um trabalho realizado na Índia com poedeiras Leghorn (Sugandi, Bird e Atmadilaga, 1975) mostrou que o nível ótimo de produção era inferior (2700 Kcal/kg de dieta ou 11,30 MJ/kg) para as aves criadas no verão do que (3000 Kcal/kg ou 12,552 MJ/kg) para as aves criadas no inverno. As razões para estas observações são aparentemente óbvias. A EM total fornecida na dieta é utilizada para vários fins, incluindo perdas de calor durante o metabolismo, a manutenção, a reprodução, o crescimento e a produção de ovos. A temperaturas elevadas, as perdas de calor e as taxas metabólicas basais são geralmente inferiores às registadas a temperaturas mais baixas. Isto significa que, a temperaturas mais elevadas, a energia é mais utilizada para fins reprodutivos e produtivos e menos energia é desperdiçada em fins não produtivos. Por conseguinte, não é surpreendente que as necessidades energéticas das aves de capoeira criadas em ambiente tropical (com temperaturas mais elevadas do que em ambiente temperado) sejam inferiores.

2.3.2 Necessidades proteicas

Foram efectuados muitos estudos sobre as necessidades proteicas das galinhas poedeiras. Estes estudos incluem as quantidades de proteínas, os tipos de proteínas, a relação com outros ingredientes da ração e a idade da galinha quando a dieta foi instituída. As necessidades proteicas das galinhas poedeiras são principalmente condicionadas pelas seguintes componentes: produção e peso dos ovos, qualidade dos ovos, necessidades de manutenção, crescimento dos tecidos corporais e grau de plumagem. De acordo com o NRC (1994), as necessidades proteicas são sugeridas apenas como referência, mas a dieta deve conter níveis suficientes de aminoácidos e de proteínas para assegurar uma reserva adequada de azoto. Isto deve-se ao facto de as proteínas serem essenciais para um crescimento adequado. Um estudo publicado por Leeson e Summers (2001) indicou que as frangas alimentadas com 17-20 % de proteínas tinham um peso corporal mais elevado às 16 semanas e, subsequentemente, punham ovos maiores do que as frangas alimentadas com 11-17 % de proteínas na sua dieta. As necessidades em proteínas (P) são expressas como a soma das necessidades de manutenção (M), da produção diária de ovos (E), do ganho de peso vivo (G) e das necessidades de crescimento das penas (F), ou seja, $P = M + E + G + F$

Na literatura, há uma grande variação nas recomendações de proteína, variando de 15 a 17 gramas/ave/dia (NRC, 1994; Rostagno *et al,* 2007; e Leeson e Summers, 2001). De acordo com a recomendação do NRC (1994), baseada em pesquisas realizadas em climas temperados, a necessidade de proteína de pintos de 0 a 6 semanas de idade, pintos de 6 a 14 semanas de idade, pintos de 14 a 20 semanas de idade, galinhas poedeiras e galinhas reprodutoras é de 18, 15, 12, 14,5 e 14,5 %, respetivamente. No entanto, Olomu (2011) recomendou 20, 16, 14, 16 e 16 % de proteínas para frangos de 0 a 8 semanas de idade, frangos de 8 a 16 semanas de idade, frangos de 16 a 20 semanas de idade, galinhas poedeiras e galinhas reprodutoras, respetivamente, para aves criadas nos trópicos. Onwudike (1983) efectuou um estudo de investigação com 192 galinhas poedeiras Harco, utilizando níveis de proteína de 16, 18, 20 e 22 %, e determinou que o nível de proteína bruta de 18 % era o mais adequado para a produção máxima de ovos, o peso dos ovos e a eficiência alimentar num ambiente tropical. Níveis mais baixos de proteínas na dieta levaram a uma redução da produção e do tamanho dos ovos. O aumento do nível de proteína da dieta de 16 para 18% aumentou significativamente ($p<0,05$) a percentagem média de produção diária das galinhas, a eficiência alimentar e o peso médio dos ovos. O aumento da quantidade de proteína fornecida para além do nível de 18% não afectou significativamente nenhum destes factores. Este resultado está de acordo com os resultados de Faria, Rizzo, Depoti, Rombola, Silva, Aranjo e Junqueira (2004), segundo os quais as dietas com 16 e 18 % de PC resultaram em maior peso e maior massa de ovos do que a dieta com 12 % de PC. Assim, com base no custo, um nível excessivo de proteínas na dieta pode ser um desperdício económico, ao passo que níveis subóptimos conduzem a uma diminuição da produção de ovos. Num estudo realizado para investigar a resposta do crescimento de frangos indígenas em crescimento entre as 14 e as 21 semanas de idade a diferentes níveis de proteínas alimentares, Kingori *et al.* (2003) ofereceram aos frangos dietas com 10, 12, 14, 16 e 18 % de PC. O consumo de ração e o aumento de peso aumentaram significativamente entre as dietas com 10 % e 16 % de PC, atingindo depois um patamar. A eficiência alimentar, medida pelo rácio de conversão alimentar, melhorou com o aumento do nível de proteínas na dieta até 16%, após o que não se registaram mais melhorias. Por conseguinte, os autores concluíram que a exigência de PC para estes frangos entre as 14 e as 21 semanas de idade é de 16 %.

Tanto a proteína como os aminoácidos, particularmente a lisina e a metionina, influenciam o peso dos ovos. Faria *et al.* (2004) testaram diferentes níveis de proteína bruta (12%, 14%, 16% e 18%) e de lisina (0,85% e 1,0%) em dietas para poedeiras Hisex White com 51 semanas de idade sobre o desempenho e a qualidade interna dos ovos. Os autores observaram que o consumo de ração, o consumo de lisina, a produção de ovos, a unidade Haugh e a percentagem de gema não foram afectados pelos tratamentos. Verificou-se uma correlação positiva entre o consumo de proteína bruta e o teor de proteína bruta da dieta. As dietas que continham 16 e 18 % de PC resultaram em maior peso e maior massa de ovos, em comparação com 12 % de PC. A percentagem de albúmen, o albúmen total e os sólidos da gema diminuíram com 12 % de PC. Todos estes factores apontam para a importância da adequação das proteínas e dos aminoácidos essenciais na dieta das galinhas poedeiras.

2.3.3 Necessidades em aminoácidos

Sabe-se que existe um total de 20 aminoácidos na maioria das proteínas naturais, dos quais 11 são nutricionalmente essenciais para as aves de capoeira. Os essenciais são a fenilalanina, a isoleucina, a leucina, a lisina, a metionina, a treonina, o triptofano, a histidina, a arginina, a valina e a glicina; enquanto os não essenciais são a alanina, o ácido aspártico, a cistina, a cisteína, a prolina, a hidroxiprolina, a serina, a tirosina e o ácido glutâmico. No entanto, na maioria das rações práticas para aves de capoeira, verificou-se que a lisina, a metionina + cistina, a treonina e o triptofano são os mais limitantes (NRC, 1994).

2.3.3.1 Necessidades de lisina das galinhas poedeiras

As recomendações do NRC (1994) para as necessidades de lisina das galinhas poedeiras e reprodutoras são de 0,64% da dieta; enquanto 0,85%, 0,60% e 0,45% das dietas são recomendadas para frangas de 0-6 semanas, 6-14 semanas e 14-20 semanas de idade, respetivamente. Silva, Albino, Rostagno, Gomes e Euclydes (2000) realizaram um estudo com o objetivo de atualizar as exigências de lisina de poedeiras leves e semipesadas de 0-6 semanas de idade, e avaliaram o efeito de níveis de lisina (0,75, 0,80, 0,85, 0,90 e 0,95 %) sobre o desempenho produtivo. Os resultados mostraram que as exigências totais de lisina para esta fase são de 0,86 % ou 234 mg/dia para poedeiras leves, e de 0,87 % ou 234 mg/dia para poedeiras semi-pesadas, o que corresponde a 226 e 208 mg/dia de lisina digestível, respetivamente. Além disso, de acordo com os autores, a deficiência de lisina durante a fase inicial de crescimento das frangas de substituição pode afetar irreversivelmente o desempenho subsequente. Os níveis de lisina na dieta não influenciaram o ganho de peso das frangas leves, mas afetaram quadraticamente (p<0,01) o ganho de peso das frangas semi-pesadas. O ganho de peso máximo foi obtido com 0,86% de lisina na ração.

Utilizando frangas de reposição leves e semi-pesadas, Silva *et al.* (2000), realizaram outro ensaio para estimar as exigências de lisina durante o período de 7 a 12 semanas de idade (0,50, 0,55, 0,60, 0,65 e 0,70 %) e avaliar seus efeitos sobre a produção subsequente. As estimativas das necessidades de lisina para o ganho de peso entre as 7 e as 12 semanas de idade foram de 0,64% ou uma ingestão diária de 368 mg para as frangas leves e de 0,66% ou uma ingestão diária de 395 mg para as frangas semi-pesadas. Os mesmos autores repetiram a experiência, mas para poedeiras leves e semi-pesadas, e suplementando níveis totais de lisina de 0,39, 0,42, 0,45, 0,48 e 0,51% de L-lisina HCl na ração. Os níveis estimados de lisina para o aumento de peso foram de 0,48% ou uma ingestão diária de 354 mg para as poedeiras ligeiras e de 0,49% ou uma ingestão diária de 365 mg para as poedeiras semi-pesadas. Os níveis de lisina durante o período de crescimento influenciaram quadraticamente a produção de ovos e a conversão alimentar de ambas as linhagens, bem como a massa de ovos das poedeiras semi-pesadas. Durante a fase de crescimento, as poedeiras semi-pesadas apresentaram um ganho de peso mais elevado do que as poedeiras leves e, durante a fase de postura, as poedeiras semi-pesadas tiveram um menor consumo de ração e uma melhor conversão alimentar por massa de ovos, em comparação com as poedeiras leves.

Duas experiências foram realizadas por Faria *et al.* (2004), cujo objetivo foi determinar as exigências de lisina de poedeiras Hy-Line W36. Na primeira experiência, as dietas experimentais continham 8 níveis diferentes de lisina (0,76, 0,72, 0,68, 0,64, 0,60, 0,56 e 0,52 %). Todas as dietas foram suplementadas com aminoácidos. Registou-se um aumento significativo da produção de ovos, do teor de ovos e da ingestão diária de lisina à medida que os níveis de lisina da dieta aumentavam. A regressão de linha quebrada indicou necessidades diárias de lisina de 633,1 e 642,9 mg/ave/dia na experiência 1, e 606,6 mg/ave/dia na experiência 2, para a produção de ovos e conteúdo de ovos, respetivamente. A exigência de lisina para produzir 1 g de conteúdo de ovos foi de 13,35 e 13,20 mg nas experiências 1 e 2, respetivamente. Para estimar as exigências de lisina para o segundo ciclo de produção, de 83 a 98 semanas de idade, Faria e Santos (2007) alimentaram poedeiras com uma dieta basal (14,4 % de proteína bruta) suplementada com 6 níveis de lisina (0,00, 0,08, 0,16, 0,24, 0,32 e 0,40 %), o que resultou em dietas com 0,500, 0,560, 0,620, 0,680, 0,740 e 0,800 % de lisina. As estimativas das necessidades de lisina para as poedeiras ligeiras e para as poedeiras semi-pesadas seguiram o modelo quadrático e foram calculadas em 0,760 e 0,800 % para as poedeiras ligeiras e para as poedeiras semi-pesadas, respetivamente, o que corresponde a consumos de lisina de 836 e 880 mg/ave/dia.

2.3.3.2 Necessidades de metionina + cistina das galinhas poedeiras

As recomendações do NRC (1994) para as exigências de metionina + cistina para galinhas poedeiras e reprodutoras são de 0,55 % da dieta; enquanto 0,60 %, 0,50 % e 0,40 % das dietas são recomendadas para frangas de 0-6 semanas, 6-14 semanas e 14-20 semanas de idade, respetivamente. No experimento realizado por Faria e Santos (2007) para estabelecer as exigências de met + cys para poedeiras brancas e marrons no segundo ciclo de produção, as aves foram suplementadas com seis níveis de DL-metionina (0,00; 0,05; 0,10; 0,15; 0,20 e 0,25 %). Os autores observaram que o aumento dos níveis de met + cys afectou a produção de ovos e a massa de ovos, o peso médio dos ovos, o consumo de ração e a conversão alimentar. As necessidades de met + cys foram estimadas utilizando um modelo quadrático em 0,692 e 0,655 % para as poedeiras brancas e castanhas, respetivamente, correspondendo a um consumo diário de met + cys de 0,785 e 0,779 g/ave, respetivamente, o que equivale a níveis de met + cys digestíveis de 0,649 e 0,612 %. Um estudo recente efectuado por Togashi, Fonseca, Soares e Souza (2002) para determinar as necessidades nutricionais de poedeiras castanhas com 51 semanas de idade, concluiu que os níveis de 0,565 %, 0,569 %, 0,582 % e 0,569 % de met + cys maximizaram a produção de ovos, o consumo de ração, o peso dos ovos e a massa dos ovos, respetivamente.

Noutro estudo realizado por Waldroup e Hellwig (1995) com galinhas poedeiras da estirpe White

Leghorn, as necessidades diárias máximas de metionina foram de 384 mg/dia para a produção de ovos, 380 mg/dia para o peso dos ovos e 402 mg/dia para a massa dos ovos. Segundo os autores, a instituição de um programa de alimentação por fases baseado numa redução das necessidades de proteínas ou de aminoácidos à medida que as galinhas envelhecem não tem qualquer base científica; em vez disso, devem ser feitos ajustamentos nos níveis de aminoácidos da dieta para compensar as alterações na ingestão diária de alimentos influenciadas por alterações ambientais, cobertura de penas ou outros factores, a fim de manter uma ingestão constante de aminoácidos. Isto porque os ajustamentos baseados na idade ou na fase de produção não se justificam.

2.3.3.3 Necessidades em treonina das galinhas poedeiras

As recomendações do NRC (1994) para as necessidades de treonina das galinhas poedeiras e reprodutoras são de 0,45% da dieta; enquanto 0,68%, 0,57% e 0,37% das dietas são recomendadas para frangas de 0-6 semanas, 6-14 semanas e 14-20 semanas de idade, respetivamente. Valerio, Soares, Rostagno, Silva, Albino, Lana, Goulart e Kill (2000), com o objetivo de determinar as exigências de treonina para poedeiras leves e semi-pesadas no período de 21 a 36 semanas de idade, utilizaram uma dieta basal suplementada com cinco níveis de treonina (0,025, 0,050, 0,075, 0,100 e 0,125 %), correspondendo a 0,510, 0,535, 0,560, 0,585, 0,610 e 0,635 % de treonina na dieta. Os autores concluíram que os níveis de treonina de 0,510 % e 0,535 %, correspondentes a 515 mg/ave/dia (0,423 % de treonina digestível) e 535 mg/ave/dia (0,440 % de treonina digestível) foram adequados para um ótimo desempenho e qualidade interna dos ovos das poedeiras leves e semi-pesadas, respetivamente. Faria *et al.* (2004) realizaram recentemente duas experiências para determinar as necessidades de treonina das poedeiras Hy-Line W36. Oito dietas experimentais com níveis graduais de treonina (0,53, 0,50, 0,48, 0,45, 0,42, 0,40, 0,37 e 0,35 %) foram usadas no primeiro experimento, enquanto sete dietas (0,58, 0,53, 0,50, 0,48, 0,45, 0,42, 0,40 % de treonina) foram usadas no segundo experimento. A produção de ovos, a massa de ovos e a ingestão diária de treonina aumentaram linearmente com o aumento do teor de treonina na dieta. A regressão de linha quebrada indicou uma necessidade diária de treonina de 439,0 e 462,1 mg/ave/dia (equivalente a

0,43% e 0,46% das dietas, respetivamente) na experiência 1, e de 393,9 e 447,1 mg/ave/dia (equivalente a 0,39% e 0,44% das dietas, respetivamente) na experiência 2 para a produção de ovos e a massa de ovos, respetivamente. A necessidade de treonina para produzir 1 g de massa de ovos foi de 8,76 e 9,44 mg nas experiências 1 e 2, respetivamente.

2.3.3.4 Necessidades de triptofano das galinhas poedeiras

Russell e Harms (1999) utilizaram uma dieta à base de milho e farinha de soja com 2 % de gelatina para obter baixos níveis de triptofano nas dietas, enquanto os outros aminoácidos foram fornecidos em níveis adequados. Usando o modelo de regressão de linha quebrada, os resultados mostraram uma exigência de triptofano de 157 mg/ave/dia para massa de ovos, o que é muito próximo dos 160 mg/ave/dia (0,14% da dieta) recomendados pelo NRC (1994). As tabelas brasileiras de exigências nutricionais (Rostagno *et al.,* 2007) sugerem 0,195% de triptofano na dieta de poedeiras brancas. Harms e Russell (2000) avaliaram oito níveis de triptofano na dieta e determinaram que uma média de 3,67 mg de triptofano é necessária para produzir 1 g de massa de ovo. Um estudo recente de Penganova, Hirche e Eder (2003) comparou os modelos exponencial e de linha quebrada para determinar as necessidades das poedeiras castanhas com 31 a 37 semanas de idade. Os autores comentaram que os dados da literatura sobre o triptofano não são consistentes e que estes são provavelmente subestimados. Os resultados do modelo de linha quebrada foram 171 e 185 mg de triptofano/ave/dia para a produção de ovos e a massa de ovos, respetivamente, e 197 e 210 mg de triptofano/ave/dia para os mesmos parâmetros quando foi utilizado o modelo exponencial. Estes dados mostram que o modelo exponencial resulta em estimativas de necessidades mais elevadas em comparação com o modelo de linha quebrada. Harms e Russell (2003) escreveram um artigo sobre experiências que utilizaram diferentes modelos de regressão para determinar as necessidades nutricionais das aves de capoeira e concluíram que o modelo de linha quebrada é aceite como o mais exato, mas que por vezes subestima as necessidades, uma vez que a massa ou o peso máximos dos ovos não são atingidos nas experiências realizadas em .

2.3.4 Necessidades vitamínicas

As vitaminas são substâncias orgânicas presentes na alimentação dos animais de criação. São necessárias em quantidades ou níveis pequenos mas adequados para uma saúde óptima, bem como para as funções fisiológicas normais, como o crescimento, o desenvolvimento, a manutenção e a reprodução. Pertencem ao grupo dos micronutrientes e são necessários para o metabolismo normal dos animais. São necessários em níveis adequados para permitir que o animal utilize eficazmente todos os outros nutrientes dos alimentos. Por conseguinte, a nutrição óptima só ocorre quando é oferecida às aves a mistura correta de macro e micronutrientes na alimentação e estas são capazes de utilizar eficazmente esses nutrientes para o seu crescimento, saúde, reprodução e sobrevivência (Weber, 2009). Classicamente, as vitaminas foram divididas em dois grupos com base na sua solubilidade em lípidos ou em água. O grupo lipossolúvel inclui as vitaminas A, D, E e K, enquanto as vitaminas do complexo B (B_1, B_2, B_5, B_6, B_{12}, niacina, ácido fólico e biotina), bem como a vitamina C, são classificadas como hidrossolúveis. As vitaminas lipossolúveis encontram-se nos alimentos para animais em associação com lípidos. As vitaminas lipossolúveis são absorvidas juntamente com as gorduras alimentares, aparentemente por mecanismos semelhantes aos envolvidos na deposição de gorduras. A absorção das vitaminas hidrossolúveis ocorre geralmente por simples difusão. As vitaminas lipossolúveis podem ser armazenadas no organismo animal. Em contrapartida, as vitaminas hidrossolúveis não são armazenadas e os excessos são rapidamente excretados. O quadro 2.3 abaixo apresenta uma panorâmica dos níveis dietéticos de vitaminas para as galinhas poedeiras, de acordo com as recomendações do National Research Council (NRC, 1994), de uma associação comercial alemã (AWT, 2002) e de um fabricante de vitaminas (DSM, 2006).

Quadro 2.3 **Níveis recomendados de todas as vitaminas pelo NRC (1994), AWT (2002) e DSM (2006)**

Vitamina	NRC[1], 1994	AWT[2], 2002	DSM[2], 2006
Vitamina A (UI/kg)	2,500 - 3,750	8,000 - 12,000	8,000 -12,000
Vitamina D3 (UI/kg)	250 - 375	2,000 - 3,000	2,500 - 3,500
Vitamina E (mg/kg)	4 - 6	20 - 30	15 - 30
Vitamina K3 (mg/kg)	0.4 - 0.6	2.0 - 3.0	2.0 - 3.0
Vitamina B1 (mg/kg)	0.6 - 0.9	2.0 - 3.0	1.5 - 3.0
Vitamina B2 (mg/kg)	2.1 - 3.1	5.0 - 8.0	4.0 - 7.0
Vitamina B5 (mg/kg)	1.7 - 2.5	8.0 - 10.0	8.0 - 10.0
Vitamina B_6 (mg/kg)	2.1 - 3.1	3.0 - 5.0	3.0 - 5.0
Vitamina B_{12} (mg/kg)	0.004	0.015 - 0.025	0.015 - 0.025
Vitamina B3: niacina (mg/kg)	8.3 - 12.5	25 - 40	20 - 50
Ácido fólico (mg/kg)	0.2 - 0.3	1.0	0.5 - 1.0
Biotina (mg/kg)	0.08 - 0.13	0.05 - 0.08	0.10 - 0.15
Vitamina C (mg/kg)	0	100 - 150	100 - 200

[1] Os valores do NRC são estimativas das necessidades mínimas de vitaminas em termos de concentração total (disponível) na dieta, com base numa ingestão diária de alimentos entre 80 e 120 g por dia.
[2] Os valores comerciais correspondem à quantidade de suplemento a adicionar acima do teor natural de vitaminas da dieta, com base numa ingestão diária de alimentos na gama de 80 a 120 g por dia.

2.3.5 Nutrição mineral das frangas

Segundo McDowell (2003), sete elementos são macro-minerais cujas necessidades ou concentrações nos organismos são expressas em mais de 100 ppm; e 22 elementos são micro-minerais em vestígios cujas necessidades são inferiores a 100 ppm, podendo mesmo ser expressas em valores ppb. Os macro-minerais ou elementos principais são o cálcio, o fósforo, o sódio, o potássio, o magnésio, o cloro e o enxofre; enquanto os micro-minerais ou elementos vestigiais incluem o cobre, o cobalto, o iodo, o molibdénio, o manganês, o zinco, o ferro, o boro e o selénio. O mineral funcional e economicamente mais importante na nutrição das poedeiras é o cálcio, principalmente devido à produção de ovos, ou seja, à formação da casca do ovo. A casca de ovo média contém cerca de 2,3 g (2,0-2,5 g) de Ca. Esta quantidade é equivalente a aproximadamente 10% do conteúdo total de cálcio no esqueleto das poedeiras, considerando que a quantidade estimada deste macroelemento no esqueleto das poedeiras é de aproximadamente 20 g (Lukic, Pavlovski e Skvbic, 2009). O cálcio, como um dos factores mais importantes que influenciam a qualidade dos ovos e dos ossos, deve ser adicionado às dietas das galinhas poedeiras. A homeostase do cálcio nas galinhas poedeiras domésticas é conseguida principalmente através do equilíbrio entre a capacidade e a eficiência da absorção intestinal, a reabsorção renal e a reabsorção óssea de cálcio e as necessidades e exigências dos animais relativamente a este elemento (Etches, 1987). A deficiência deste importante elemento mineral conduz a uma condição conhecida como raquitismo em animais jovens em crescimento; osteomalácia (amolecimento dos ossos) ou osteoporose (redução da densidade óssea) em animais adultos e produção de ovos de casca fina ou sem casca, seguida de uma paragem completa da produção de ovos em galinhas poedeiras.

Numerosos estudos demonstraram que a qualidade da casca do ovo depende não só do nível adequado, mas também da fonte e do tamanho das partículas de Ca adicionado. Nomeadamente, considera-se que as partículas de tamanho grande de

As fontes de Ca são mantidas durante mais tempo no estômago muscular e são lentamente dissolvidas durante esta passagem mais longa pelo trato digestivo, ao passo que, ao contrário destas, as partículas de tamanho pequeno passam mais rapidamente pelo trato digestivo e, por conseguinte, são apenas parcialmente dissolvidas (Lukic *et al.,* 2009). Os níveis de Ca e P total recomendados para poedeiras comerciais (para produção de ovos estáveis) e reprodutoras (para galinhas para incubação) nos trópicos são, respetivamente, 3,5% e 0,85% (Olomu, 2011). Segundo o autor, as necessidades destes minerais parecem ser mais elevadas nos climas quentes do que nos climas frios. Por conseguinte, recomendou que o nível de Ca fosse aumentado para 4,0 - 4,5 % e o nível de P total para 1,0 - 1,1 % ou 0,4 - 0,45 % de fósforo disponível) durante os períodos de tempo quente. E, como regra geral, deveria ser sempre fornecido um nível de 4,0 -4,5 Ca e 1,0 -1,1 % de P total para aves criadas nos trópicos. Esta recomendação está de acordo com a recomendação de Leeson (2006) da Universidade de Guelph no Canadá, que observou que as necessidades nutricionais das aves de capoeira mudaram ao longo dos anos e que a especificação da dieta para Ca para poedeiras em 2005 quase duplicou a quantidade de Ca necessária nas dietas das poedeiras há 50 anos (2,1 % no ano de 1956 em comparação com 4,0 % em 2005)!

Quanto às necessidades de sódio e cloreto de poedeiras e todas as outras classes de frango, Olomu

(2011) sugeriu 0,30 - 0,35 % de inclusão de sal comum em dietas práticas de aves de capoeira; enquanto todos os outros microelementos são normalmente fornecidos em quantidades amplas pelas pré-misturas comerciais de vitaminas e minerais. No entanto, segundo ele, as necessidades dos microelementos mais críticos podem ser satisfeitas através da adição de 0,01 - 0,02 % de óxido de zinco para o zinco; 0,02 - 0,03 % de óxido de manganês para o manganês e 0,005 % de óxido de cobre para o cobre, se não estiverem disponíveis pré-misturas contendo microelementos.

2.4 Miudezas de trigo como alimento convencional para aves de capoeira

O grão de trigo é um cereal importante utilizado na formulação da dieta das aves de capoeira como fonte de energia. O teor energético varia entre 3230 e 3430 Kcal/kg e o teor proteico varia entre 10 e 20 %, com uma média de 13 %. A lisina é o aminoácido mais limitante do trigo, mas o seu teor de triptofano é mais elevado do que o do milho (Olomu, 1995). De acordo com Jadhav e Siddiqui (2010), o trigo tem um valor nutritivo mais elevado do que a cevada; é mais saboroso e contém uma boa quantidade de vitaminas do complexo B. Durante o processo de moagem do trigo, cerca de 70 a 75 % do grão transforma-se em farinha, e os restantes 25 a 30 % estão disponíveis como subprodutos do trigo, em grande parte destinados ao consumo animal. Estes subprodutos são habitualmente designados por farinha de trigo (MF), farinha de trigo (WMR), sêmeas de trigo (WM), sêmea grosseira de trigo (WB) ou miudezas de trigo (WO), com pouca consideração pelas várias correntes de moagem e proporções que são combinadas e que, em última análise, constituem a composição final do subproduto. A sêmea grosseira de trigo, um subproduto da moagem a seco do trigo mole *(Triticum aestivum* L.) em farinha, é um dos principais subprodutos agro-industriais utilizados na alimentação animal. É constituído pelas camadas exteriores (cutícula, pericarpo e revestimento da semente) combinadas com pequenas quantidades de endosperma amiláceo do grão de trigo.

De acordo com Morrison (1975), o farelo de trigo tem 16,4 % de proteínas brutas e 4,5 % de gordura e, normalmente, não contém mais de 10 % de fibra bruta. Tem cerca de 66,9% de nutrientes digeríveis totais (NDT); a proteína é de melhor qualidade do que a do milho, mas não é tão boa como a proteína de alimentos como a farinha de soja (SBM), o leite, os subprodutos de carne e os subprodutos de peixe.

Além disso, é a fonte mais rica em fósforo (1,29%) e cálcio (0,13%). Por conseguinte, é uma boa fonte de energia, proteínas e fibras na formulação de rações para aves de capoeira. Mais recentemente, Aduku (1993) afirmou que o trigo

Quadro 2.4 Composição aproximada e energética das vísceras de trigo, de acordo com diferentes trabalhadores

Composição	Malau-Aduli *et al.* (2003)	Amaefule *et al.* (2009)	Ayssiwede *et al.* (2010)	Ososanya *et al.* (2013)
Matéria seca (%)	87.60	90.00	90.70	87.60
Proteína bruta (%)	16.90	18.74	16.90	16.20
Extrato etéreo (%)	3.80	4.35	4.50	4.40
Fibra bruta (%)	11.30	7.00	13.70	-
NFE (%)	61.60	54.11	59.60	61.80
Cinzas (%)	6.40	5.80	5.40	5.70
Cálcio (%)	-	-	0.10	-
Fósforo (%)	-	-	1.00	-
Sódio (%)	-	-	0.00	-
Potássio (%)	-	-	1.00	-
FDN (%)	-	-	-	60.00
ADF (%)	-	-	-	9.60
ADL (%)	-	-	-	2.00
EM (kcal/kg)	-	-	1845.00	-

NFE = Extractos isentos de azoto FDN = Fibra em detergente neutro

ADF = Fibra detergente ácida ADL = Lignina de detergente ácido

EM = Energia metabolizável

As miudezas contêm 1256 e 2320 Kcal de energia metabolizável por kg para aves de capoeira e suínos, respetivamente; e têm um teor de proteínas brutas de 15,6%. As proteínas, os minerais, o óleo e a fibra encontram-se principalmente nas camadas exteriores do grão e as miudezas do trigo são mais ricas nestes nutrientes do que o grão inteiro.

Vários outros trabalhadores apresentaram relatórios sobre as composições nutricionais das miudezas do trigo, como se mostra no Quadro 2.4. Alguns desses trabalhadores incluem Malau-Aduli, Eduvie, Lakpini e Malau-Aduli (2003); Amaefule, Abasiekong, Ibe e Onwudike (2009); Ayssiwede, Dieng, Chrystosome, Ossebi, Hornick e Missohou (2010); e Ososanya, Odubola e Shuaib-Rahim (2013). De um modo geral, as miudezas do trigo são relativamente ricas em proteínas (14-19 % MS) e minerais (4-7 % MS), nomeadamente cálcio (0,07-0,2 % MS) e fósforo (0,9-1,3 % MS). O seu teor de óleo (3-5 % MS) é superior ao do grão inteiro. Os teores de fibra e de amido estão inversamente correlacionados e são extremamente variáveis, pois dependem das quantidades relativas de envelopes, endosperma e outras fracções misturadas (Blasi, Kuhl, Drouillard, Reed, Trigo-Stockli, Behnke e Fairchild, 1998).

Nuhu, Abba e Amina (2008) referiram que o rácio de conversão alimentar (FCR) das aves alimentadas com dietas à base de vísceras de trigo era eficientemente mais utilizado do que o das aves alimentadas com dietas à base de vísceras de milho; e concluíram que a inclusão de 20 % de vísceras de trigo nas dietas dos frangos de carne é recomendada aos agricultores. Christopher, Offiong e Odiong (2007), numa avaliação do efeito da substituição do milho por vísceras de trigo em dietas para frangos de carne, concluíram que as vísceras de trigo substituíram o milho até 25% sem qualquer efeito adverso no desempenho. Mais ainda, com uma inclusão de 25% para substituir o milho, o custo da ração por quilograma foi reduzido em cerca de 15,91%. Esta redução do custo da ração poderia gerar uma produção global de frangos de carne, especialmente na fase de acabamento. No entanto, as galinhas poedeiras alimentadas com dietas diluídas em que a densidade de nutrientes foi reduzida pela inclusão de 45% de farelo de trigo ajustaram o seu consumo de ração apenas quando as dietas foram granuladas; enquanto as galinhas alimentadas com a dieta de puré comeram menos e produziram ovos mais leves (Vilarino, Pickard, Melcion e Faure, 1996).

O farelo de trigo é uma fonte natural de betaína, que se sabe ter efeitos positivos na osmorregulação, na redução da gordura da carcaça e na preservação da colina e da metionina nas aves de capoeira (Kidd, Ferket e Garlich, 1997). Além disso, tem sido referido que o farelo de trigo tem uma elevada atividade de fitase, o que é benéfico para a disponibilidade de fósforo nas dietas de suínos e aves de capoeira.

No entanto, esta atividade da fitase pode ser consideravelmente reduzida quando o farelo de trigo é transformado em pellets porque os tratamentos térmicos destroem a fitase (Cavalcanti e Behnke, 2004).

2.5 Refeições de folhas nas dietas de galinhas poedeiras

Uma fonte possível de proteínas baratas e disponíveis é a farinha de folhas de algumas leguminosas tropicais e plantas forrageiras. As farinhas de folhas não servem apenas como fonte de proteínas, mas também fornecem as vitaminas, os minerais e alguns oxicarotenóides necessários na dieta, o que melhora o desempenho dos animais de criação. Nas aves de capoeira, algumas destas farinhas de folhas são utilizadas como fonte de carotenos e xantofilas para conferir cor amarela à gema do ovo ou à pigmentação da pele da ave. Um bom exemplo é o facto de as folhas de amoreira conterem P-caroteno, que pode ser convertido com eficiência variável pelos animais em vitamina A, e as xantofilas, que podem ser uma boa fonte de pigmentação da gema do ovo (Moller *et al,* 2000).

Diversas farinhas de folhas foram utilizadas por diferentes trabalhadores em diferentes categorias de galinhas poedeiras, com resultados diferentes. Algumas das farinhas de folhas que foram consideradas de valor nutricional para esta categoria de aves de capoeira incluem as seguintes

A farinha de folhas de *Moringa olefeira* (contendo 29,7 % CP, 22,5 % CF e ME de 7,86 MJ/kg) produziu melhor eficiência de utilização da ração e desempenho de postura a 10 % de nível de inclusão na dieta (Kakengi, Kaijage, Sarwatt, Mutayoba, Shem e Fujihara, 2007). A farinha de folhas possui propriedades hipocolesterolémicas e a sua inclusão nas dietas das poedeiras pode facilitar a redução do teor de colesterol dos ovos (Olugbemi, Mutayoba e Lekule, 2010). A farinha de folhas de Gliricida (composta por 24,38 % de PC, 12,45 % de CF e teor de MS de 92,68 %) pode ser incorporada até 15 % nas dietas de galinhas poedeiras sem qualquer efeito adverso no desempenho da postura (Ige, Odunsi, Akinlade e Ojedapo, 2006). A farinha de folhas de amoreira *(Morus alba)* (com 29,80 PC, 11,11 % CF e ME de 1816Kcal/kg) pode ser incluída até 10 % nas dietas de galinhas poedeiras sem afetar negativamente o seu desempenho e a qualidade dos ovos (Al-kirshi *et al,* 2010). A erva-do-são-joão *(Chromolaena odorata)*, que contém 20,10 % de CF, 15,27 % de PC e 91,05 % de MS, só pode ser incluída até 5 % nas dietas das galinhas poedeiras para obter uma maior produção e tamanho dos ovos; alguns avicultores utilizam a erva-do-são-joão no tratamento da coccidiose devido às suas propriedades antipiréticas, antiespasmódicas e anti-inflamatórias (Nwajiuba, Munonye e Ekenyem, 2010). Como um pigmentador eficaz da gema de ovo, a farinha de folhas de *Leucaena leucocephala* (contendo 55 % de TDN, 2,42 Mcal/kg de DE e 1,98 Mcal/kg de ME) pode ser adicionada até 2,5 % nas dietas de galinhas poedeiras (Berry e D'Mello, 1981). Apenas 6 % da farinha de luzerna *(Desmathus virgatus)* contendo 18,95 % de PC, 17,50 % de

CF e GE de 3.967 Kcal/kg podem ser adicionados às dietas de galinhas poedeiras sem qualquer efeito adverso no desempenho da postura e na qualidade dos ovos (Suksombat e Buakeeree, 2005). A farinha de folhas de *Tephrosia bracteolata* (contendo 20,3 % de PC, 17,0 % de CF e EM de 10,1MJ/kg) só pode ser incluída até
7.5 % na dieta de galinhas poedeiras como suplemento proteico e um bom agente de pigmentação e reforço mineral (Akande *et al,* 2007). Nworgu e Fasogbon (2007) determinaram que o nível ótimo de inclusão na dieta de farinha de folhas de *Centrosema pubescens* (contendo 22,45 % de PC, 6,43 % de CF e GE de 4402 Kcal/kg) era inferior a 2 % e 2 %, respetivamente, para frangos de carne e frangas em crescimento. Odunsi (2003b) recomendou 10 e 15 % de farinha de folhas de *Lablab purpureus* para galinhas poedeiras. A farinha de folhas de *Lablab purpureus* contém 18,18 % de PC, 15,36 % de CF e 56,29 % de NFE. Finalmente, Al- Harthi (2006) determinou que as galinhas poedeiras podem tolerar a farinha de folhas de Mangrof até 5% sem afetar negativamente o desempenho. A farinha de folhas de mangrof contém 9,26 % de PC, 16,68 % de CF e 10,41 mg/g de tanino.

2.6 Planta de jacinto de água

O jacinto de água é frequentemente considerado como a infestante aquática mais incómoda do mundo (Holm, Plucknett, Pancho e Herberger, 1991). O seu rápido crescimento entupiu os principais cursos de água e criou problemas associados à navegação, à segurança nacional, à irrigação, à drenagem, ao abastecimento de água, à hidroeletricidade e à pesca.

2.6.1 Taxonomia do jacinto de água

De acordo com Gopal (1987), a taxonomia do jacinto de água é a seguinte

Reino: *Plantas*

Filo: *Magnoliophyta*

Classe: *Liliopsida*

Encomendar: *Liliales*

Família: *Pontederiaceae*

Género: *Eichhornia*

Espécies: *crassipes*

Nome científico

Eichhornia crassipes (Mart.) Solms

Nome científico Sinónimo

Piaropus crassipes (Mart.) Solms

Eichhornia speciosa (Mart.) Solms

Nome comum Sinónimos

Jacinto de água flutuante

2.6.2 Botânica do jacinto de água

O jacinto-de-água, *Eichhornia crassipes* (Martius) Solms-Laubach, é considerado uma das espécies de infestantes aquáticas mais nocivas em muitas partes do mundo. É chamada "Diabo Azul" ou "Terror de Bengala" na Índia, "Diabo da Flórida" na África do Sul, "Erva daninha alemã" no Bangladesh e "Terror da Água" pelas comunidades piscatórias em riachos e lagoas do sudoeste da Nigéria (Bolorunduro, 2002). É uma erva daninha tão notória que está incluída na lista das 101 principais espécies de ervas daninhas invasoras a nível mundial. Pertence também à classificação de "erva daninha nociva de classe C" das ervas daninhas nocivas do Alabama e à classe "nociva/proibida" das ervas daninhas nocivas do Arkansas dos Estados Unidos da América. Também está listada como uma erva daninha nociva no Arizona. A planta de jacinto-de-água em plena floração e na fase vegetativa é mostrada nas Placas I e II abaixo.

2.6.2.1 Folhas

De acordo com Gopal (1987), *a Eichhornia crassipes* é uma macrófita aquática flutuante que cresce geralmente até 0,5 m de altura, mas até quase 1 m de altura em alguns locais do Sudeste Asiático, formando tapetes densos e flutuantes. Sendo uma planta flutuante, todos os seus nutrientes provêm da coluna de água (Sculthorpe, 1985). As folhas são espessas, cerosas, arredondadas e brilhantes e elevam-se bem acima da superfície da água em caules. As folhas são largamente ovadas a circulares, com 10-20 cm de diâmetro, com lados suavemente incurvados e frequentemente ondulados. As nervuras das folhas são densas, numerosas, finas e longitudinais. Os caules das folhas são bulbosos e esponjosos (Gopal, 1987). A inflorescência tem 6 a 10 flores semelhantes a lírios, cada uma com 4 a 7 cm de diâmetro. Os caules e as folhas contêm tecidos cheios de ar que dão à planta a sua considerável flutuabilidade (Herfjord, Osthagen e Saelthun, 1994). As folhas formam-se à medida que o botão axilar cresce, rompendo uma estrutura tubular semelhante a uma folha chamada profilo. À medida que o entrenó

Placa I: Plantas de jacinto de água em plena floração

Placa II: Plantas de jacinto-de-água na fase vegetativa

entre a primeira folha e o alongamento do profilo, as raízes são produzidas no nó que contém a folha primária. As folhas de folhagem formam-se depois. As folhas da folhagem são pecioladas com um brilho lustroso, e estão dispostas em espiral, parecendo estar numa roseta. Cada folha é constituída por um pecíolo, um istmo (entre o pecíolo e a lâmina) e uma lâmina. O pecíolo apresenta uma grande estípula membranosa, que forma uma bainha à volta da folha mais jovem seguinte. Os pecíolos são esponjosos e medem até 5 cm de diâmetro e 30-50 cm de comprimento (máximo 125 cm). Podem ser alongados, inchados no meio e afilando em direção à lâmina ou podem formar um flutuador bulboso (Gopal, 1987) contendo tecido lacunar cheio de ar (Sculthorpe, 1985).

A Eichhornia crassipes distingue-se da maioria das outras plantas aquáticas flutuantes e formadoras de tapetes pelas suas folhas muito brilhantes, pelo inchaço quase unilateral dos seus pecíolos (Holm *et al.*, 1991) e pelas suas flores lilases vistosas. Pode flutuar livremente, ao contrário da sua congénere *E. azurea*, que deve enraizar-se no substrato e está, por isso, confinada a charcos pouco profundos e às margens de lagos e rios (Barrett, 1989).

2.6.2.2 Caules e corredores

O jacinto-de-água reproduz-se vegetativamente através de caules curtos (estolhos) que irradiam da base da planta para formar plantas filhas, e também se reproduz por sementes. As suas raízes são pretas arroxeadas e emplumadas (Gopal, 1987). A planta forma um rebento constituído por um rizoma ramificado e estolonífero, com 6 cm de diâmetro e até 30 cm de comprimento, com vários entrenós curtos. Cada nó tem uma folha e raízes. Os botões axilares, que também podem formar estolhos, crescem num ângulo de 60 graus a partir do rizoma e permanecem nesse ângulo ou dobram-se para cima em povoamentos densos, ou tornam-se horizontais em povoamentos abertos. As plantas na extremidade de um tapete formam gemas de estolhos, enquanto as do meio podem não formar. Os estolhos são de cor violeta arroxeada e estendem-se até 50 cm ou mais de comprimento e têm um diâmetro muito variável (Gopal, 1987).

2.6.2.3 Raízes

Até 50 % da biomassa de um único jacinto de água pode ser constituída por raízes. As raízes são adventícias e fibrosas, com 10-300 cm de comprimento. Um número de 70 raízes laterais por cm dá às raízes um aspeto de penas. São violeta-escuras a violeta-azuladas ou rosadas (embora esbranquiçadas se cultivadas na escuridão total) e contêm pigmentos solúveis, incluindo antocianinas que podem proteger a raiz da herbivoria (Gopal, 1987).

2.6.2.4 Flores e frutos

De acordo com Gopal (1987), as flores nascem na extremidade de uma espiga de cor lavanda num pedúnculo alongado e são subtendidas por duas brácteas. A bráctea inferior tem uma lâmina distinta. Cada espiga tem 425 flores (máximo 35), sendo 8-15 as mais comuns. As flores são sésseis. O tubo do perianto tem 1,5-1,75 cm de comprimento, com a base verde e a parte superior clara. As tépalas são ovadas a oblongas, finas, lilases e têm até 4 cm de comprimento. A tépalas posterior (labelo) tem uma região central amarela brilhante em forma de diamante, rodeada por um bordo azul profundo com linhas radiantes vermelhas brilhantes. Quando jovem, este labelo apresenta uma mancha verde. Existem seis estames (por vezes 5 ou 7) com filamentos curvos com pêlos glandulares. Três deles são pequenos e encontram-se junto ao tubo perianto. As anteras são de cor violeta e medem 1,4-2,2 mm de comprimento. O gineceu é tricarpelar e superior. O ovário é quase cónico e produz cerca de 500 óvulos. O estilete é de comprimento variável e apresenta um estigma quase capitado com três lóbulos estreitamente comprimidos. Por vezes, o estigma é trifido e pode ser mais comprido, mais curto ou de comprimento intermédio em relação aos estames. Esta heterostilia torna *a E. crassipes* trimórfica. O fruto é uma cápsula de parede fina encerrada num hipanto de parede relativamente espessa, desenvolvido a partir do tubo perianto. As sementes maduras podem atingir 450 por cápsula, têm 4 x 1 mm, com uma base oval e um ápice afilado. A pelagem apresenta 12-15 estrias longitudinais.

A Eichhornia azurea produz uma inflorescência muito mais vistosa do que a *E. crassipes,* por vezes com mais de 60 flores (Gopal, 1987).

2.6.3 Nomes vulgares do jacinto de água

De acordo com USDA (2008), os nomes comuns do jacinto de água são: aguape, baronesa (Brasil), jacinto-aquatico (Portugal), bisnidh, zanim, habba, halassandi/halassant (Egito), buchon, tarulla (Colômbia), bora (Venezuela), jacinthe d'eau (França), gulbakauli (Paquistão), jacinto de agua o camalote, lechuguilla, lirio acuatico (Espanha), lila de agua (República Dominicana), tokozelka (antiga Checoslováquia), top-chawa (Tailândia), violeta de agua (Chile), wampee (antiga URSS), wasserhyazinthe (Alemanha), su sumbulu (Turquia), vanhyacint (Dinamarca), water hyacinth (Reino Unido) e yakinton hamaim (Israel). Na Nigéria, os nomes do jacinto de água são: Dan gaye (Hausa), Osibata (Yoruba) e Nakuta (Nupe). Na cidade de confluência de Lokoja (no Estado de Kogi), onde é muito frequente, é simplesmente chamado "Abiola".

2.6.4 Origem do jacinto de água

Acredita-se que a planta seja originária da bacia amazónica da América do Sul e foi introduzida em muitas partes do mundo como planta ornamental de lago de jardim devido à sua beleza. Proliferou em muitas áreas e pode agora ser encontrada em todos os continentes, exceto na Europa. Está particularmente adaptada aos climas tropicais e subtropicais e tornou-se uma planta problemática em zonas do Sul dos EUA, da África Oriental, Ocidental e Meridional, do Sul e Sudeste Asiático e da Austrália. A sua disseminação por todo o mundo teve lugar nos últimos 100 anos, aproximadamente. Acredita-se que o belo jacinto de água tenha sido introduzido em África no século [XIX] pelos colonialistas belgas que queriam adornar os lagos com ele. Atualmente, prolifera nos lagos e rios da África Central e Oriental, causando graves problemas sociais e económicos (Hargreaves, 2003).

2.6.5 Problemas do jacinto de água

O jacinto de água cresce em tapetes de até dois metros de espessura, o que pode reduzir a luz e o oxigénio, alterar a química da água, afetar a flora e a fauna e causar um aumento significativo da perda de água devido à evapotranspiração. Verificou-se que tolera níveis de salinidade até 0,24 % na Indonésia (Kikuchi, Takagi, Tokuhisa, Suzuki, Panjaitan e Yasuno, 1997), pelo que causa problemas práticos no transporte marítimo, na pesca e nas entradas de sistemas hidroeléctricos e de irrigação. De acordo com a Practical Action (2008), alguns dos problemas do jacinto de água incluem

(i) Obstáculos ao transporte de água

O acesso a portos e zonas de atracagem pode ser seriamente dificultado por tapetes de jacinto de água. Os canais e os rios de água doce podem tornar-se intransitáveis devido ao entupimento de tapetes de jacintos de água densamente entrelaçados.

tapetes da erva daninha. Está também a tornar-se um perigo grave para o transporte lacustre no Lago Vitória, com a formação de grandes ilhas flutuantes de jacinto de água, enquanto muitas das vias navegáveis interiores do Sudeste Asiático foram praticamente abandonadas. Na Nigéria, os operadores de serviços de ferry, os operadores de barcos e outros utilizadores de jangadas fluviais estão a contar as suas perdas, pois têm dificuldade em navegar em segurança nas massas de água de Lagos. De acordo com uma reportagem do jornal THIS DAY de 21 de outubro de 2010, alguns operadores de barcos expressaram a sua consternação pelo facto de o Governo Federal não ter feito nada de concreto para resolver o problema do jacinto de água no país, especialmente em Lagos. Um operador de barco lamentou: "As perdas que sofremos são enormes. Meu irmão, não consigo contar em naira e kobo o que perdi desde que o jacinto de água invadiu os nossos cursos de água. Podes ver por ti próprio. Não podemos trabalhar como deveríamos. É preciso parar intermitentemente para os retirar das hélices dos motores. Caso contrário, ficaremos presos no meio do mar se o motor falhar devido às ervas daninhas e outros detritos nas águas".

As ervas daninhas costumam bloquear os cursos de água entre outubro e março de cada ano, e já se tinham tornado uma grande ameaça para a circulação na lagoa das ribeiras de Lagos.

(ii) Entupimento das entradas dos sistemas de irrigação, hidroeléctricos e de abastecimento de água

Muitos grandes projectos hidroeléctricos estão a sofrer os efeitos do jacinto de água. A central hidroelétrica de Owen Falls, em Jinja, no Lago Vitória, é vítima das rápidas taxas de reprodução da erva daninha e cada vez mais tempo e dinheiro têm de ser investidos na sua eliminação para evitar que entre na turbina e cause danos e interrupções de energia. O jacinto de água é atualmente um problema grave em algumas das principais barragens do mundo - por exemplo, a barragem de Kariba, que se situa na fronteira entre a Zâmbia e o Zimbabué, no rio Zambeze, e alimenta Harare, tem infestações pronunciadas da erva daninha. O bloqueio de canais e rios provoca inundações. O jacinto de água pode crescer tão densamente que um ser humano pode caminhar sobre ele. Quando se apodera de rios e canais, pode tornar-se tão denso que forma barragens herbívoras e pode causar inundações prejudiciais e perigosas.

(iii) Micro-habitat para uma variedade de vectores de doenças

As doenças associadas à presença de infestantes aquáticas, que causam graves problemas de saúde nos países tropicais em desenvolvimento, são a malária, a esquistossomose e a filariose linfática. Algumas espécies de larvas de mosquito desenvolvem-se no ambiente criado pela presença de ervas daninhas do jacinto de água. Além disso, as ervas daninhas podem albergar cobras de água e outras criaturas perigosas, como os crocodilos, que se escondem nos seus aglomerados, constituindo assim um perigo para a vida (John Iwori do jornal THIS DAY de 21 de outubro de 2010).

(iv) Aumento da evapotranspiração

Foram efectuados vários estudos para determinar a relação entre as plantas aquáticas e a taxa de evapotranspiração em comparação com a evaporação de uma massa de água de superfície aberta. Herfjord *et al.* (1994) sugere que a taxa de perda de água devido à evapotranspiração pode ser até 1,8 vezes superior à evaporação da mesma superfície mas sem plantas. Este facto tem grandes implicações onde a água já é escassa. Estima-se que o caudal de água no Nilo poderia ser reduzido até um décimo devido ao aumento das perdas no Lago Vitória devido ao jacinto de água.

(v) Problemas relacionados com a pesca

O jacinto de água pode apresentar muitos problemas para o pescador. O acesso aos locais torna-se difícil quando a infestação de ervas daninhas está presente; a perda de equipamento de pesca resulta frequentemente quando as redes ou linhas ficam enredadas nos sistemas radiculares das ervas daninhas; e o resultado destes problemas é, na maior parte das vezes, uma redução das capturas e a subsequente perda de meios de subsistência. Em zonas onde os pescadores vivem da sua atividade, esta situação pode apresentar graves problemas socioeconómicos. Os pescadores do Lago Vitória, por exemplo, notaram que nas zonas onde há muita infestação de jacintos de água, a água fica "parada e quente e o peixe desaparece".

(vi) Redução da biodiversidade

Quando o jacinto de água é prolífico, outras plantas aquáticas têm dificuldade em sobreviver. Isto provoca um desequilíbrio no microecossistema aquático e significa frequentemente que uma série de fauna que depende de uma diversidade de plantas para a sua existência se extingue. Por vezes, as pessoas queixam-se de uma deterioração localizada da qualidade da água. Esta situação é muito preocupante nos locais onde as pessoas se deslocam para recolher água e para se lavarem. A quantificação do problema é muitas vezes extremamente difícil, especialmente em massas de água tão grandes e geograficamente complexas como o Lago Vitória (Practical Action, 2008).

2.6.6 Controlo do jacinto de água

Segundo a Practical Action (2008), existem vários mecanismos de controlo populares para prevenir a propagação ou erradicar o jacinto de água. Os três principais mecanismos utilizados são o controlo biológico, químico e físico. Cada um tem as suas vantagens e desvantagens. O controlo químico é o menos preferido devido aos efeitos desconhecidos a longo prazo sobre o ambiente e as comunidades com as quais entra em contacto. O controlo físico, com recurso a ceifeiras mecânicas, dragas ou métodos de extração manual, é amplamente utilizado, mas é dispendioso. Além disso, não é adequado para grandes infestações e é geralmente considerado como uma solução a curto prazo. O controlo biológico é o método de controlo a longo prazo mais amplamente preferido, sendo relativamente fácil de utilizar e, sem dúvida, proporcionando o único controlo económico e sustentável. Apresenta-se de seguida uma breve descrição de cada um destes métodos.

(i) Controlo biológico

O controlo biológico é a utilização de inimigos naturais específicos do hospedeiro para reduzir a densidade populacional de uma praga. Diz-se que o controlo biológico do jacinto de água é benigno para o ambiente, uma vez que os agentes de controlo tendem a ser auto-reguladores. Isto porque, na sua região de origem (a bacia amazónica da América do Sul), o jacinto de água não constitui um grande problema devido ao facto de existirem nessa zona inimigos naturais da planta infestante, entre os quais se contam insectos e agentes patogénicos fúngicos, que atacam constantemente e mantêm a sua população abaixo do nível de incómodo. De particular interesse é o *Cercospora piaropi (*ou *Cercospora rodmanii)* descoberto em plantas de jacinto de água no reservatório de Rodman na Florida, EUA. Trata-se de um agente patogénico fúngico eficaz que foi utilizado como micoherbicida no controlo biológico da erva daninha nos EUA (Tessmann, Charudattan, Kistler e Rosskopf, 2001). Além disso, seis espécies de artrópodes foram libertadas em todo o mundo: cinco são insectos (dois gorgulhos, duas traças e um inseto sugador) e uma é um ácaro. Os dois gorgulhos são *Neochetina eichhorniae* e *Neochetina bruchi;* as duas traças são *Niphograpta albiguttalis (*sinónimo *Sameodes albiguttalis)* e *Xubida infusellus;* o ácaro é *Orthogalumna terebrantis;* e o percevejo é *Eccritotarsus catarinensis*. Os dois gorgulhos e a traça, *N. albiguttalis,* foram libertados em numerosas infestações desde 1971 em diferentes países, tendo-se verificado que contribuíram imensamente para o êxito do controlo da erva daninha em muitos locais. Mas o ácaro *(O. terebrantis)* e a traça *(X. infusellus)* não contribuíram para o controlo, enquanto o inseto está a ser avaliado na sequência de libertações recentes em África (Julien, 2000). Uma grande desvantagem desta medida de controlo é que pode levar vários anos até que a população de predadores atinja uma densidade populacional suficiente para combater o problema da praga.

(ii) Controlo químico

A aplicação de herbicidas para controlar o jacinto de água tem sido efectuada há muitos anos. Os herbicidas mais comuns são o 2,4-D (ácido 2,4-diclorofenoxiacético), o Diquat e o Glifosato (N-[fosfonometil] glicina). O glifosato, um herbicida não seletivo, aplicado a 2 kg/ha, causou a morte completa em 8 semanas. A aplicação de glifosato no riacho Abiala, no Estado do Delta, Nigéria, matou os tapetes de jacinto de água nas parcelas tratadas no prazo de sete dias após o tratamento. Registou-se um aumento substancial da população de peixes nas parcelas tratadas com glifosato, enquanto que nas parcelas não tratadas a captura de peixes foi baixa. Os juvenis e os peixes adultos imaturos nas parcelas tratadas do riacho indicam a restauração da qualidade da água no prazo de 28 dias após o tratamento (Olaleye e Akinyemiju, 1996). O 2, 4-D aplicado em intervalos de 1-12 kg/ha, geralmente por pulverização aérea, especialmente se aplicado durante o tempo quente, provou ser o controlo químico mais eficaz (Gopal, 1987). O controlo químico tem uma boa taxa de sucesso quando se trata de pequenas infestações, mas tem menos sucesso em áreas maiores. A aplicação pode ser feita a partir do solo ou do ar e requer operadores qualificados. No entanto, a principal preocupação quando se utilizam herbicidas são os efeitos ambientais e relacionados com a saúde, especialmente onde as pessoas recolhem água para beber e lavar.

(iii) Controlo físico

A remoção mecânica do jacinto de água é vista como a melhor solução a curto prazo para a proliferação da planta. É, no entanto, dispendiosa, recorrendo a gruas terrestres, draglines ou lanças ou, em alternativa, a maquinaria aquática, como ceifeiras, dragas e barcaças ou ceifeiras aquáticas especialmente concebidas para o efeito. Estes métodos só são adequados para áreas relativamente pequenas. Além disso, muitas destas técnicas requerem o apoio de uma frota de veículos aquáticos e terrestres para transportar as grandes quantidades de jacinto de água que são removidas. Os tapetes de jacinto de água podem ser enormes e podem ter uma densidade de até 200 toneladas por acre (Harley, Julien e Wright, 1997). A remoção manual do jacinto de água só é adequada para áreas extremamente pequenas. É um trabalho difícil, de mão de obra intensiva e, em algumas áreas, há sérios riscos para a saúde associados ao trabalho (crocodilos, hipopótamos e bilharziose no Lago Vitória, por exemplo). Também é importante que o transporte da erva colhida seja dispendioso, porque tem um elevado teor de água, superior a 95 % (Singh, 1997); no entanto, o corte pode reduzir o volume e o teor de água.

2.6.7 Utilizações práticas e aplicações industriais da planta jacinto de água

De acordo com a Practical Action (2008), os produtos potenciais e os subprodutos utilizáveis obtidos a partir da planta do jacinto de água são os seguintes

(i) Papel

A fibra de jacinto de água, por si só, não produz um papel particularmente bom, mas quando a fibra é misturada com resíduos de papel ou juta, o resultado é bom. A pasta é doseada com pó de branqueamento, carbonato de cálcio e carbonato de sódio antes de ser aquecida. A produção pode envolver a utilização de equipamento grande e sofisticado para produzir papel de qualidade razoável ou de máquinas de média escala para fazer pastas, caixas ou outro papel de baixa qualidade. Projectos-piloto de fabrico de papel em pequena escala, utilizando jacinto de água, foram bem sucedidos em vários países, incluindo as Filipinas, a Indonésia e a Índia.

(ii) Placa de fibra

Os painéis de fibras foram produzidos a partir de fibras de jacinto de água e de outros materiais indígenas. A polpa é branqueada e misturada com resíduos de polpa de papel e um agente filtrante, como a argila da China, e o pH é equilibrado. As tábuas são flutuadas numa cuba com água e depois acabadas numa prensa manual e penduradas para secar. Quando bem produzidas, as propriedades físicas da placa são suficientemente boas para serem utilizadas em paredes divisórias e tectos interiores. Estão em curso investigações sobre a utilização de placas revestidas de betume para coberturas.

(iii) Fios e fibras

As fibras dos caules da planta do jacinto de água podem ser utilizadas para fazer cordas. O caule da planta é cortado longitudinalmente para expor as fibras e depois deixado a secar durante vários dias; o processo de fabrico da corda é semelhante ao da corda de juta. A corda acabada é tratada com metabissulfito de sódio para evitar o seu apodrecimento. No Bangladesh, a corda é utilizada pelos fabricantes locais de mobiliário, que enrolam as cordas à volta de estruturas de cana para produzir produtos acabados elegantes.

Cestos de compras

Cestos para guardar alimentos

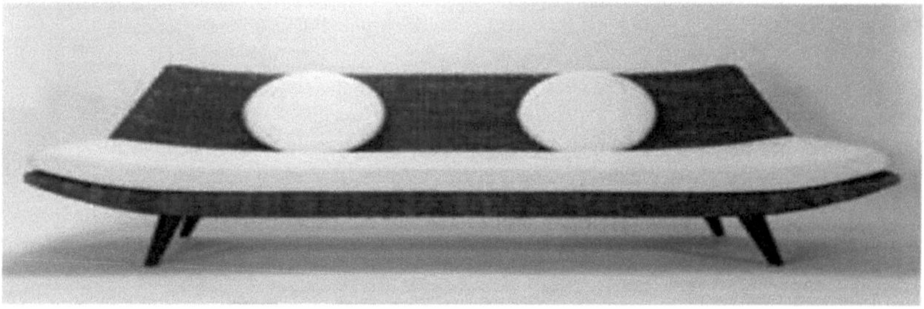

Um sofá sem braços

Uma cadeira estofada

Placa III: Produtos de jacinto de água 1 [Fonte: Anh e Huyen, (2007)]

Uma estante
de livros

Placa IV: Produtos de jacinto de água 2 [Fonte: Anh e Huyen, (2007)]

(iv) Trabalho de cestos

Nas Filipinas, o jacinto de água é seco e utilizado para fazer cestos e esteiras para uso doméstico. A chave para um bom produto é garantir que os caules são devidamente secos antes de serem utilizados. Se os caules ainda contiverem humidade, o produto pode apodrecer muito rapidamente. Na Índia, o jacinto de água também é utilizado para produzir produtos semelhantes para a indústria turística, utilizando técnicas tradicionais de fabrico e tecelagem de cestos. Os quadros III e IV mostram alguns artigos domésticos valiosos feitos a partir da planta do jacinto de água.

(v) Briquetagem de carvão vegetal

Esta é uma ideia que foi proposta no Quénia para lidar com os tapetes de jacinto de água em rápida expansão que são evidentes em muitas partes do Lago Vitória; a proposta é desenvolver uma tecnologia adequada para a briquetagem de pó de carvão a partir da pirólise do jacinto de água (www.appropedia.org). O projeto está ainda na fase de ideia e está previsto um estudo técnico e socioeconómico para avaliar as perspectivas de um tal projeto. Sugere-se que uma indústria de briquetagem de carvão de jacinto de água em pequena escala poderia ter vários aspectos benéficos para as comunidades ribeirinhas:

- proporcionar um rendimento alternativo
- fornecer uma fonte alternativa de biomassa
- melhoria do ambiente das margens do lago através da remoção do jacinto de água
- melhor acesso ao lago e menor risco para o transporte marítimo
- redução do risco sanitário associado à presença de jacinto de água
- alívio da pressão sobre outras fontes de combustível de biomassa, como a madeira, reduzindo assim a desflorestação e a erosão do solo associada.

Os aspectos técnicos ainda não foram totalmente desenvolvidos e testados, mas foram identificadas sete fases principais no processo de conversão da fábrica em briquetes de carvão vegetal:

- colheita e recolha da planta

- secagem
- recolha e transporte para o forno
- pirólise
- mistura do pó resultante com um aglutinante
- prensagem em briquetes
- comercialização de briquetes

Eden (1994) analisou os requisitos para a produção em grande escala de briquetes de carvão vegetal a partir de jacinto de água. Afirmou que, com uma densidade energética de 8,3 GJ/m^3, esta seria comparável à densidade energética do carvão vegetal de 9,6 GJ/m3. No entanto, para que uma fábrica produza 40 toneladas por dia de briquetes, seria necessária uma área de 12 hectares para secar o jacinto de água; seriam necessárias 1 300 toneladas de jacinto húmido por dia e o clima teria de ser de baixa humidade e de temperatura relativamente elevada.

(vi) Produção de biogás

A conversão de outras matérias orgânicas, geralmente resíduos animais ou humanos, é uma tecnologia de pequena e média escala bem estabelecida em vários países em desenvolvimento, nomeadamente na China e na Índia.

O processo é uma digestão anaeróbica que tem lugar num reator ou digestor (um recipiente hermético geralmente situado debaixo do solo) e o produto utilizável é o gás metano que pode ser utilizado como combustível para cozinhar, iluminar ou para alimentar um motor para fornecer energia ao eixo. No entanto, a utilização do jacinto de água para digestão num digestor tradicional apresenta alguns problemas. Em primeiro lugar, o jacinto de água tem um teor de água muito elevado e, por conseguinte, o esforço de colheita rende uma recompensa baixa em termos de matéria orgânica para conversão em biogás. Em segundo lugar, a dimensão do digestor tem de ser grande em comparação com a de um digestor tradicional, devido ao baixo rácio entre a produção de gás e o volume da planta. Em terceiro lugar, o jacinto de água tem de ser pré-tratado antes de entrar no digestor (macerado, picado ou batido) para promover a digestão e para remover o ar preso no tecido da planta, o que faria com que flutuasse. No entanto, apesar destes desafios, foram efectuados estudos, principalmente na Índia, com quantidades de até 4000 litros de gás por tonelada de jacinto de água semi-seco, com um teor de metano de até 64%, utilizando uma mistura de resíduos animais e jacinto de água (Gopal, 1987).

(vii) Purificação da água

O jacinto de água pode ser utilizado para auxiliar o processo de purificação da água para consumo ou para a purificação de efluentes líquidos de sistemas de esgotos. Numa estação de tratamento de água potável, o jacinto de água tem sido utilizado como parte da fase de purificação de pré-tratamento. Nessas instalações, plantas limpas e saudáveis são incorporadas em clarificadores de água e ajudam na remoção de pequenos flocos que permanecem após a coagulação inicial e a remoção de flocos ou decantação (Haider, 1989). O resultado é uma diminuição significativa da turvação devido à remoção dos flocos e também uma ligeira redução da matéria orgânica na água. Nos sistemas de esgotos, as estruturas radiculares do jacinto de água proporcionam um ambiente adequado para o funcionamento das bactérias aeróbias. As bactérias aeróbias alimentam-se de nutrientes e produzem compostos inorgânicos que, por sua vez, fornecem alimento para as plantas. As plantas crescem rapidamente e podem ser colhidas para fornecer um composto rico e valioso. O jacinto de água também tem sido utilizado para a remoção ou redução de nutrientes, metais pesados, compostos orgânicos e agentes patogénicos da água através de um processo chamado bioremediação (Gopal, 1987).

(viii) Forragem para animais

Estudos demonstraram que os nutrientes do jacinto de água estão disponíveis para os ruminantes (Dada, 2002). No Sudeste Asiático, alguns animais não ruminantes são alimentados com rações que contêm jacinto de água. Na China, os criadores de porcos fervem o jacinto de água picado com resíduos vegetais, farelo de arroz, bagaço de copra e sal para fazer uma ração adequada. Na Malásia, o jacinto de água doce é cozinhado com farelo de arroz e farinha de peixe e misturado com farinha de copra como alimento para porcos, patos e peixes de lago. Na Indonésia, nas Filipinas e na Tailândia são utilizadas práticas semelhantes. Os alimentos para animais são muitas vezes escassos e, embora os seres humanos não possam comer jacinto de água diretamente, podem alimentá-lo ao gado e a outros animais que podem converter o nutriente em produtos alimentares úteis para o consumo humano (Practical Action, 2008).

(ix) Fertilizantes

O jacinto de água pode ser utilizado na terra como adubo verde ou como composto. Como adubo verde, pode ser lavrado no solo ou utilizado como cobertura vegetal. A planta é ideal para a compostagem: depois de retirar a planta da água, pode ser deixada a secar durante alguns dias antes de ser misturada com cinzas, terra e algum estrume animal. A decomposição microbiana decompõe as gorduras, os lípidos, as proteínas, os açúcares e os amidos. A mistura pode ser deixada em pilhas para compostagem; o clima mais quente dos países tropicais acelera o processo e produz um composto rico e livre de agentes patogénicos que pode ser aplicado diretamente no solo. De acordo com Singh (1997), o composto feito de jacinto de água contém 2 % de N, 0,65 % de P_2O_5, 0,6 % de K_2O e 2,73 % de CaO; e verificou-se que este composto é quase duas vezes mais rico do que o composto da cidade e quatro vezes mais rico do que o estrume de gado. Nos países em desenvolvimento, onde os fertilizantes minerais são caros, é uma solução elegante para o problema da proliferação do jacinto de água e também da má qualidade do solo. No Sri Lanka, o jacinto de água é misturado com resíduos orgânicos urbanos, cinzas e solo, compostado e vendido a agricultores e horticultores locais.

(x) Alimentos para peixes

A carpa herbívora chinesa é um peixe de crescimento rápido que se alimenta de plantas aquáticas, incluindo o jacinto de água. Cresce a um ritmo tremendo e atinge tamanhos até 32 kg. Alimenta-se de plantas submersas ou flutuantes e também de ervas das margens. O peixe pode ser usado para o controlo de ervas daninhas e pode comer até 18 - 40 % do seu próprio peso corporal num só dia (Gopal, 1987). Outras espécies de peixes, tais como a tilápia, a carpa prateada e o peixe dólar prateado alimentam-se de jacinto de água e de outras ervas daninhas aquáticas, por isso são usadas indiretamente para alimentar os peixes. O jacinto de água desidratado foi adicionado à dieta de alevins de peixe-gato de canal para aumentar o seu crescimento. Também foi notado que a decomposição do jacinto de água depois do controlo químico liberta nutrientes que promovem o crescimento do fitoplâncton com subsequente aumento da produção de peixe (Gopal, 1987).

2.6.8 Composição proxima e mineral do jacinto de água

A análise aproximada da folha de jacinto de água efectuada por vários autores mostra grandes variações na sua composição. Tem um teor de proteína bruta de 14,2 %, 22,8 % ou 13,57 %; teor de fibra bruta de

20.4 %, 15,0 % ou 21,6 %; extrato etéreo, 3,30 %, 4,82 % ou 4,49 %; cinzas, 27,2 %, 12,4 % ou 2,71 %; e extrato isento de azoto, 24,6 %, 30,30 % ou 47,33 % (Igbinosun e Talabi, 1982; Fasakin, 2002; e Konyeme *et al,* 2006 respetivamente). O quadro 2.5 apresenta um resumo dos resultados obtidos por diferentes trabalhadores em amostras de jacinto de água recolhidas em diferentes locais na Nigéria.

A análise foliar de nutrientes minerais revelou que o cálcio, o magnésio e o potássio variaram de 1,7 a 2,7 %, 0,4 a 1,4 % e 2,6 a 4,5 %, respetivamente. O fósforo e o sódio foram inferiores a 1 %. Os teores de proteína bruta e energia variaram de 14,6 a 17 % e 3,6 a 3,9 kcal/g de peso seco, respetivamente (Sharma e Edem, 1988).

2.6.9 Composição de aminoácidos do jacinto de água

A composição de aminoácidos do jacinto de água foi determinada por Taylor e Robbins (2012). A sua análise revelou os seguintes níveis de aminoácidos essenciais em 100 g de proteína bruta: metionina 0,72 g, fenilalanina 4,72 g, treonina 4,32 g, lisina 5,34 g, isoleucina 4,32 g, valina 0,27 g e leucina 7,20 g, conforme apresentado no Quadro 2.6.

Quadro 2.5 Composição aproximada da farinha de jacinto de água (WHM) determinada por

diferentes trabalhadores em diferentes locais na Nigéria

Parâmetro	**Konyeme *et al.* (2006)**	**Olomu (2011)**	**Sotolu e Sule (2011)**	**Igbinosun e Talabi (1982)**	**Fasakin (2002)**
Matéria seca	89.50	85.40	Não indicado	89.70	85.32

Proteína bruta	13.57	11.50	24.17	14.20	22.80
Fibra bruta	21.60	19.90	19.62	20.40	15.00
Extrato etéreo	4.49	2.00	2.37	3.30	4.82
Cinzas	2.71	14.90	11.35	27.20	12.40
NFE	47.33	37.10	42.49	24.60	30.30

Konyeme *et al.* (2006) em Kainji, Estado do Níger

Olomu (2011) em Benin City, Estado de Edo

Sotolu e Sule (2011) em Lafia, Estado de Nassarawa

Igbinosun e Talabi (1982) em Lagos, Estado de Lagos

NFE = Extractos isentos de azoto

Quadro 2.6 Aminoácidos essenciais e não essenciais produzidos pela hidrólise de 40 horas de 100 g de proteína de jacinto de água calculada a 16 g N/100 g de proteína bruta

Aminoácido	g	Aminoácido	g
Metionina	0.73	Arginina	2.98
Cistina	11.60	Histidina	1.90
Fenilalanina	4.72	Glicina	5.14
Tirosina	2.98	Alanina	5.59
Treonina	4.32	Serina	3.85
Lisina	5.34	Ácido aspártico	17.37
Isoleucina	4.32	Ácido glutâmico	9.29
Valina	0.27	Prolina	4.73
Leucina	7.20		

Fonte: Taylor e Robbins (2012)

Quadro 2.7 Aminoácidos por 100 g de proteína no jacinto de água em comparação com a referência da FAO padrão

	Met	Cys (NE)	Phe	Tyr (NE)	Thr	Lys	Ileu	Val	Leu
FAO	2.2	1.9	2.8	2.8	2.8	4.2	4.2	4.2	4.8
Jacinto de água	0,7	11.6	4.7	3.0	4.3	5.3	4.3	0.3	7.2

Fonte: Taylor e Robbins (2012) NE = Não essencial

Quando estes valores foram comparados com o padrão de referência da FAO, tal como estipulado por Burton (1965), e tal como indicado no quadro 2.7, a proteína do jacinto de água apresenta níveis deficientes em apenas dois dos aminoácidos essenciais, a valina e a metionina. Em contrapartida, o teor de lisina do jacinto de água (5,34 g %) é superior ao padrão de referência da FAO (4,2 g %) e muito superior ao teor de lisina do milho (0,8 g %). Assim, os autores concluíram que o teor de lisina do jacinto de água está em concentração suficiente para servir de suplemento eficaz às proteínas dos cereais.

Capítulo 3

3.0 MATERIAIS E MÉTODOS

3.1 Localização do estudo

Este estudo de investigação foi realizado na Unidade de Aves de Capoeira da Quinta de Ensino e Investigação de Produção Animal, Universidade Federal de Tecnologia, Campus de Bosso, Minna. Minna é a capital do Estado do Níger, na Nigéria, com uma população estimada em cerca de 500 000 habitantes e uma área territorial de cerca de 6 784 quilómetros quadrados. Situa-se na Zona de Vegetação de Savana do Sul da Guiné, entre a Latitude 90 37 Norte e a Longitude 60 33 Este. A sua precipitação média anual é de 1300 mm, obtida a partir de um registo excecionalmente longo de 50 anos. A temperatura raramente desce abaixo dos 22 °C; os picos são de 40 °C (fevereiro - março) e 35 °C (novembro - dezembro). A estação das chuvas começa em abril e dura entre 190 e 200 dias (2009-2013 Postgraduate School Prospectus, Universidade Federal de Tecnologia, Minna).

3.1.1 Preparação da farinha de jacinto de água

As plantas inteiras de jacinto de água foram recolhidas do rio Níger em Lokoja, no Estado de Kogi. As plantas verdes foram colhidas recentemente da superfície da água, manualmente, e secas ao sol na margem do rio Níger durante cerca de sete dias até ficarem bem secas. Em seguida, foram embaladas em sacos de polietileno e transportadas para o local de experimentação em Minna para posterior processamento. As colheitas da planta do jacinto de água foram efectuadas em dois períodos diferentes do ano; o primeiro período de colheita foi no pico da estação seca, durante o mês de março, e o segundo foi no pico da estação das chuvas, durante o mês de setembro.

chegada ao Laboratório de Produção Animal da Universidade Federal de Tecnologia, Minna, as plantas secas ao sol foram submetidas a uma inspeção minuciosa, tendo sido removidas as matérias estranhas (detritos de rios, invólucros de couro e outros materiais estranhos). Em seguida, foram secas em estufa a 80^0C durante cerca de 24 horas, até atingirem um teor de humidade de cerca de 10 %. As plantas secas foram depois moídas na School of Agriculture and Agricultural Technology Feedmill Unit utilizando um moinho de atrito e peneiradas através de um crivo de 2 mm para obter farinha de jacinto de água (WHM), que foi depois armazenada em grandes contentores de plástico com tampas bem fechadas até ser necessária para utilização. O fluxograma para a produção de WHM a partir de plantas frescas de jacinto de água é apresentado na Figura 3.1, enquanto a fotografia da WHM é apresentada na Placa V.

3.1.2 Análise química da farinha de jacinto de água

(i) A composição proximal da farinha de jacinto de água foi determinada utilizando os procedimentos da AOAC (1990).

(ii) A composição mineral da farinha de jacinto de água foi determinada utilizando os procedimentos de Yan, Keen, Zhang e Waldroup (2005).

(iii) A composição fibrosa da farinha de jacinto de água foi determinada segundo o procedimento de Van Soest, Robertson e Lewis (1998).

(iv) Os componentes dos factores antinutricionais da WHM foram determinados da seguinte forma: o método de Lukas e Markakes (1975) foi utilizado para o ácido fítico; o método de Maga (1982) foi utilizado para a determinação do tanino, enquanto os teores de oxalato e saponina foram determinados utilizando o método

Planta de jacinto de água doce

Colheita do rio em canoa ou à mão

Secagem na margem do rio durante 5 a 7 dias

I

Remoção de materiais estranhos, tais como latas, invólucros de couro, pedras e outros detritos

Acondicionamento em sacos de polietileno e transporte para o laboratório para processamento posterior

No laboratório, outros restos de materiais estranhos são ainda removidos das plantas secas

As plantas secas são secas na estufa a 80^0C durante cerca de 24 horas até atingirem um teor de humidade de cerca de 10 %

Plantas secas no forno, moídas em pó num moinho de atrito

O pó é peneirado com um peneiro de 2 mm

A farinha de jacinto de água (WHM) obtida é armazenada num recipiente de plástico com tampa

Figura 3.1: Diagrama de fluxo para a produção de farinha de jacinto de água a partir de plantas de jacinto de água fresco

Prato V: Farinha de jacinto de água em papel e armazenada num recipiente de plástico com tampa

procedimentos normalizados da AOAC (1984). O ácido cianídrico, os alcalóides, os flavonóides, as resinas, os esteróides e os fenóis foram determinados utilizando os procedimentos normalizados da AOAC (1984).

3.1.3 Animais de laboratório e conceção experimental

Para este estudo, foi utilizado um total de 300 pintos de um dia da raça Isa Brown, recolhidos no Minna Depot of Avian Specialities, Ibadan, Estado de Oyo. Sete dias antes da chegada das aves, os recintos foram cuidadosamente lavados e desinfectados. Poucas horas antes da chegada das aves, todo o equipamento foi colocado no lugar (comedouros, bebedouros, lâmpadas, fonte de calor, etc.) e aquecido a uma temperatura adequada (cerca de 32^{0}C). A experiência consistiu num desenho completamente aleatório (CRD) composto por quatro níveis de inclusão na dieta de 0, 5, 10 e 15 % de WHM para formar as dietas 1, 2, 3 e 4, respetivamente. À chegada, as aves foram pesadas e distribuídas aleatoriamente por quatro grupos de tratamento dietético, constituídos por 75 aves por tratamento e três réplicas por dieta, sendo cada réplica composta por 25 aves. A experiência teve a duração de 8 semanas, durante as quais as aves foram geridas de forma intensiva, utilizando o código de procedimento normalizado recomendado para pintos de frangas pelo Nigerian Institute of Animal Science (NIAS). As aves foram alimentadas *ad libitum* com as dietas experimentais durante todo o período da experiência. Foram efectuadas operações de gestão de rotina, tais como a remoção diária dos restos de ração (não consumidos), a lavagem dos bebedouros, o fornecimento de água potável limpa e a limpeza do ambiente. As aves também receberam medicação padrão e vacinação contra as doenças comuns das aves de capoeira, tal como recomendado para esta região pela Associação Médica Veterinária da Nigéria (NVMA).

3.1.4 Dietas experimentais

Usando a WHM preparada e ingredientes de ração provenientes do Mercado Central de Minna e de alguns depósitos de ingredientes de ração selecionados na metrópole de Minna, as dietas experimentais foram compostas para satisfazer as necessidades nutricionais dos pintos de frangos na fase inicial, tal como recomendado por Aduku (1993) e Olomu (2011). A composição percentual das dietas experimentais e os seus valores calculados são apresentados na Tabela 3.1.

3.1.5 Parâmetros determinados

3.1.6 Consumo diário de ração (g/ave/dia)

Isto foi obtido de acordo com os procedimentos de Adesida, Agunbiade e Eniolorunda (2010). Foram oferecidas quantidades medidas de ração às aves em cada réplica. Os restos de ração não consumida (ort) foram recolhidos no dia seguinte, pesados e deduzidos do peso da ração fornecida no dia anterior para obter o consumo diário de ração.

3.1.7 Ganho de peso corporal (g/ave)

No início da experiência, os pesos iniciais das aves foram medidos e registados por réplica. Depois disso, os pesos corporais das aves foram medidos semanalmente. Os pesos corporais da semana anterior foram deduzidos dos pesos obtidos na semana seguinte para obter os ganhos semanais de peso corporal (Adesida *et al,* 2010).

Quadro 3.1: Composição das dietas experimentais para pintos de frangas (0 - 8 semanas)

	Níveis de inclusão de farinha de jacinto de água (%)			
Ingredientes (%)	**0**	**5**	**10**	**15**
Milho	47.20	47.20	47.20	47.20
Bolo de amendoim	20.00	20.00	20.00	20.00
Farinha de peixe (65 % PC)	3.00	3.00	3.00	3.00
Farinha de sangue	2.00	2.00	2.00	2.00
Miudezas de trigo (WO)	20.00	15.00	10.00	5.00
Farinha de jacinto de água (WHM)	0.00	5.00	10.00	15.00
Óleo de palma	2.00	2.00	2.00	2.00
Farinha de ossos	3.25	3.25	3.25	3.25
Calcário	1.00	1.00	1.00	1.00
Lisina	0.50	0.50	0.50	0.50
Metionina	0.50	0.50	0.50	0.50
Sal comum	0.30	0.30	0.30	0.30
*Premix (Chick)	0.25	0.25	0.25	0.25
Total	100.00	100.00	100.00	100.00
Valores calculados				
Proteína bruta (%)	20.11	19.94	19.77	19.60
Energia metabolizável (Kcal/kg)	2806	2813	2819	2826
Fibra bruta (%)	4.10	4.64	5.18	5.72
Cálcio (%)	1.55	1.54	1.55	1.55

Fósforo (%)	1.17	1.15	1.16	1.17
Lisina (%)	1.45	1.42	1.45	1.45
Metionina (%)	0.83	0.82	0.83	0.83

*Cada 2.5 kg da pré-mistura contém 10.000.000 UI de vitamina A; 2.000.000 UI de vitamina D_3; 23.000 mg de vitamina E; 2.000 mg de vitamina K_3; 1.800 mg de vitamina B_1; 5.500 mg de vitamina B_2; 27.500 mg de niacina (B_3); 7.500 mg de ácido pantoténico (B_5); 3.000 mg de vitamina B_6; 15 mg de vitamina B_{12}; 750 mg de ácido fólico; 60 mg de biotina H2; 300.000 mg de cloreto de colina; 200 mg de cobalto; 3.000 mg de cobre; 1.000 mg de iodo; 20.000 mg de ferro; 40.000 mg de manganês; 200 mg de selénio; 30.000 mg de zinco e 1.250 mg de antioxidante.

3.1.8 Rácio de conversão alimentar (FCR)

Este valor foi determinado utilizando a fórmula descrita por Isikwenu, Akpodiete, Omeje e Okagbare (2010).

$$FCR = \frac{\text{Consumo semanal de ração (g)}}{\text{Ganho de peso corporal semanal (g)}}$$

3.1.9 Rácio de eficiência proteica (PER)

Este valor foi determinado utilizando a fórmula adoptada de Achadu, Anugwa e Kaankuka (2010).

$$PER = \frac{\text{Peso ganho (g)}}{\text{Ingestão de proteínas (g)}}$$

O consumo de proteínas foi determinado multiplicando o consumo de ração das aves (MS) pela percentagem de proteína bruta da ração dada.

3.1.10 Eficiência de utilização de energia (ENE)

Este valor foi calculado a partir de determinados parâmetros, tal como indicado na fórmula seguinte:

$$ENE = \frac{\text{Ganho de peso (kg)}}{\text{Consumo de energia (Kcal/kg)}}$$ (Ayanwale, 2003)

O consumo de energia foi determinado multiplicando o consumo de ração das aves pelo teor de energia metabolizável da ração fornecida.

3.1.11 Mortalidade (%)

Este valor foi determinado expressando o número de aves mortas como uma percentagem do número total de aves inicialmente armazenadas.

3.1.12 Ensaio de digestibilidade dos nutrientes

No final da 7ª semana, três aves por réplica foram selecionadas aleatoriamente, retiradas do chão e colocadas nas gaiolas metabólicas durante três dias para se aclimatarem às condições das gaiolas. Foi utilizado um total de 36 aves para o ensaio de digestibilidade. Foram então dadas às aves rações frescas de peso conhecido; e a recolha de fezes começou no dia seguinte, utilizando o método de recolha total, seguindo os procedimentos de Lamidi *et al.* (2008). A recolha durou quatro dias. As amostras de fezes recolhidas por dia foram secas em estufa a 80 ^{0}C durante cerca de 24 horas até se obter um peso constante. As fezes secas na estufa recolhidas durante quatro dias foram depois reunidas, embaladas em recipientes de plástico e armazenadas no congelador até serem necessárias para análise. A digestibilidade aparente dos nutrientes (DAN) foi calculada utilizando a fórmula descrita por Isikwenu *et al.* (2010):

ADN = (ingestão de nutrientes) - (nutrientes nos excrementos evacuados) x 100

Ingestão de nutrientes

O nutriente digestível total (NDT) é uma medida de energia, aproximadamente comparável à energia digestível (ED), mas expressa em unidades de peso ou percentagem. Este valor foi calculado com base na fórmula de Church e Pond (1988), tal como indicado a seguir:

TDN = Proteína bruta digestível + NFE digestível + 2,25 x Extrato etéreo digestível.

Segundo estes autores, na conversão de TDN para DE, a fórmula normalmente utilizada é :

DE (em Kcal/kg) = 44,0 x TDN

3.1.13 Análises hematológicas e bioquímicas

No final da 8.ª semana da experiência, foram selecionadas aleatoriamente duas aves por réplica (perfazendo um total de seis aves por tratamento) para a colheita de sangue. As amostras de sangue foram colhidas das veias jugulares das aves utilizando agulhas descartáveis estéreis (calibre 21) e seringas depois de as aves terem estado em jejum durante 12 horas. Foram colhidos 5 ml de sangue de cada ave e divididos entre dois tubos de ensaio: um contendo EDTA (ácido etilenodiamino tetra-acético) como anticoagulante para a determinação de parâmetros hematológicos, tais como a contagem de glóbulos vermelhos (RBC), a contagem de leucócitos (WBC), o hematócrito (PCV) e a concentração de hemoglobina (HBC). O outro foi deixado coagular e o soro foi recolhido para determinação quantitativa *in vitro* de parâmetros bioquímicos (tais como albumina, proteínas totais, ureia sérica, colesterol, triglicéridos e creatinina), função hepática e determinação de electrólitos. A determinação da contagem de glóbulos vermelhos, da contagem de leucócitos, do valor do hematócrito e da concentração de hemoglobina foi efectuada segundo os métodos descritos por Hemening (1992). A partir dos valores obtidos, foram calculados o volume corpuscular médio (VCM), a hemoglobina corpuscular média (HCM) e a concentração de hemoglobina corpuscular média (CHCM), utilizando as fórmulas de Jaime e Howlett (2008), como indicado a seguir:

VCM = (VPC x 10) ^ hemácias (expresso em femtolitros ou fl)

MCH = (HBC x 10) ^ RBC (expresso em picogramas ou pg)

MCHC = (HBC x 100) ^ PCV (expresso em gramas por decilitros ou g/dl)

A bilirrubina conjugada (BC) e a bilirrubina total (BT) foram determinadas utilizando o método de Jendrassik e Grof (1938); enquanto a albumina (Alb) foi determinada utilizando o método do verde de bromocresol (Doumas, Watson e Biggs, 1971). As proteínas totais foram determinadas pelo método do Biureto (Tietz, 1995). O ião sódio (Na^+) e o ião potássio (K^+) foram determinados pelo método fotométrico de chama (Fawcett e Scott, 1960). O ião bicarbonato (HCO_3^-) e o ião cloreto (Cl^-) foram determinados pelo método de titulação (Chaney e Marbach, 1962). A fosfatase alcalina

(ALP), a aspartato transaminase (AST) e a alanina transaminase (ALT) foram determinadas utilizando os métodos de Reitman e Frankel (1957). A ureia, o colesterol, os triglicéridos e a creatinina séricos foram determinados utilizando os métodos normalizados indicados por Reinhold (1953).

3.1.14 Análise de carcaças

No final da [oitava] semana da experiência, foram selecionadas duas aves de cada compartimento replicado, que passaram fome durante a noite durante 12 horas - mas durante as quais tiveram livre acesso a água potável limpa. Em seguida, foram pesadas, abatidas e preparadas. Os pesos de abate, os pesos eviscerados, os pesos preparados, os pesos da carcaça, os pesos relativos das partes cortadas e os pesos dos órgãos foram determinados utilizando os procedimentos de Lamidi *et al.* (2008). Foi igualmente determinado o rácio carne/osso da carcaça preparada.

3.1.15 Economia de conversão alimentar

O custo da ração por ave foi calculado tomando o custo total de todos os ingredientes que constituíam as dietas para obter o custo da ração por dieta; o custo da ração por kg de ganho de peso vivo foi calculado determinando a quantidade de ração consumida por cada ave em cada um dos tratamentos dietéticos e dividindo-a pelo ganho de peso corporal da ave (Obun, Yahaya, Olafadehan, Kehinde, Adeyemi, Faruk e Allison, 2010).

Receita = Peso final das aves (kg) x custo/kg de peso das aves (preço atual de mercado)

Custo de produção = Custo dos alimentos para animais + outros custos fixos e variáveis + custo de aquisição das aves Margem bruta = Receitas menos custo de produção

Poupança = Custo de produção das aves de controlo menos o custo de produção das aves tratadas (Obun *et al.*, 2010).

3.2 Análise química

As dietas experimentais, bem como as fezes recolhidas durante os ensaios de digestibilidade dos nutrientes, foram analisadas quanto à sua composição proximal utilizando os procedimentos normalizados da AOAC (1990).

3.3 Análise estatística

Os dados recolhidos foram submetidos a uma análise de variância (ANOVA) através do procedimento de modelos lineares gerais (GLM) do software de análise estatística (SAS, 2000, versão 6, SAS Institute, Cary, NC, EUA) com base no desenho completamente aleatório. Quando a experiência era um arranjo fatorial 2 x 3 (2 níveis de enzima e 3 níveis de WHM), os dados foram analisados como tal. Quando as médias dos tratamentos ou da interação foram significativas, foram separadas utilizando o teste de intervalo múltiplo de Duncan (Duncan, 1955).

Capítulo 4

44.0 **RESULTADOS**

4.1.1 Composição aproximada da farinha de jacinto de água

A composição proximal da farinha de jacinto de água (WHM) recolhida em diferentes períodos do ano é apresentada no Quadro 4.1. Não foram observadas diferenças significativas (p>0,05) na matéria seca, proteína bruta, fibra bruta, extrato etéreo, cinzas e teor de extractos livres de azoto da farinha de jacinto de água recolhida durante o mês de março (estação seca) e setembro (estação das chuvas), respetivamente. Além disso, não houve diferenças significativas (p>0,05) na energia metabolizável da WHM recolhida durante o mês de março (1902 kcal/kg) e a recolhida durante o mês de setembro (1901 kcal/kg). Assim, a composição proximal média acumulada da WHM é também apresentada no quadro (4.1).

A composição proximal média e o teor de energia metabolizável da WHM, quando comparados com a composição proximal e o teor de energia metabolizável da WO, obtidos por diferentes investigadores, são apresentados no Quadro 4.2, mostrando a semelhança na sua composição proximal média.

Quadro 4.1 Composição aproximada e energia metabolizável da farinha de jacinto de água recolhidos em diferentes períodos do ano

Parâmetros	WHM 1* março	WHM 2* setembro	SEM	LOS	WHM (Média)
Matéria seca	93.50	93.05	0.39	NS	93.28
Proteína bruta	13.74	14.02	0.09	NS	13.88
Fibra bruta	22.79	20.06	1.12	NS	21.43
Extrato etéreo	5.03	4.75	0.13	NS	4.89
Cinzas	23.50	24.81	0.44	NS	24.16

Extrato isento de azoto	28.45	29.41	0.24	NS	28.92
**Energia metabolizável (Kcal/kg)	1902.20	1900.60	55.69	NS	1901.00

SEM = Erro padrão das médias LOS = Nível de significância

NS = não significativo WHM = farinha de jacinto de água

*Média de duas determinações efectuadas de forma aleatória

**Valores calculados

Quadro 4.2 Comparação da composição proximal e da energia metabolizável da água farinha de jacinto (WHM) e miudezas de trigo (WO)

Parâmetro	WHM[1]	WO*
Matéria seca	93.28	90.70†
Proteína bruta	13.88	16.20
Extrato etéreo	4.89	4.40
Fibra bruta	21.43	11.30‡
Cinzas	24.16	5.70
Extrato isento de azoto (NFE)	28.92	61.80
Fibra em detergente neutro (FDN)	63.54	60.00
Fibra em detergente ácido (ADF)	37.46	9.60
Lenhina em detergente ácido (ADL)	12.86	2.00
Celulose	24.60	7.60
Hemicelulose	26.08	50.40
Energia metabolizável (kCal/kg)	1901	1845**

[1] O resultado obtido é a média das recolhas dos meses de março e setembro.
*Conforme relatado por Ososanya *et al.* (2013)

4.1.2 Composição mineral da farinha de jacinto de água

A composição mineral da WHM é apresentada no quadro 4.3. O teor de potássio, cálcio e magnésio da WHM é de 1,02, 3,03 e 2,01 %, respetivamente, enquanto o teor de zinco, cobre, ferro, manganês

†Tal como referido por Ayssiwede *et al.* (2010)
‡Tal como referido por Malau-Aduli *et al.* (2003)

e chumbo é de 0,14, 0,46, 5,87, 0,76 e 0,10 ppm, respetivamente.

4.1.3 Factores anti-nutricionais na farinha de jacinto de água

Os factores anti-nutricionais na WHM são apresentados no Quadro 4.4. A farinha contém 0,26, 1,44, 2,24, 0,27 e 0,01 mg/100g de saponina, tanino, oxalato, fitato e alcaloide, respetivamente. A WHM não contém ácido cianídrico, flavonóides, resinas, esteróides e fenóis.

4.1.4 Composição em fibra bruta da farinha de jacinto de água

A análise química da WHM revelou um teor médio de fibra bruta de 21,43 % (quadro 4.1). Uma análise da decomposição desta fibra mostra que é composta por 24,60 % de celulose, 26,08 % de hemicelulose e 12,86 % de lenhina; com valores de fibra em detergente neutro (FDN) e fibra em detergente ácido (FDA) de 63,54 e 37,46 %, respetivamente (quadro 4.5).

Quadro 4.3 Composição mineral da farinha de jacinto de água

Mineral	Composição
Potássio (%)	1.02
Cálcio (%)	3.03
Magnésio (%)	2.01
Zinco (ppm)	0.14
Cobre (ppm)	0.46
Ferro (ppm)	5.87
Manganês (ppm)	0.76
Chumbo (ppm)	0.10

Quadro 4.4 Factores antinutricionais na farinha de jacinto de água

Factores anti-nutricionais	Composição (mg/100g)	Recomendado Limite*	Crítico
Saponina	0.26	7.02	
Tanino	1.44	31.20	
Oxalato	2.24	0.54	
Fitato	0.27	23.40	
Alcalóides	0.01		
Ácido cianídrico	ND		
Flavonóides	ND		
Resinas	ND		
Esteróides	ND		
Fenóis	ND		

*Kumar, Sinha, Makkar e Becker (2010)

ND = Não detectado

Quadro 4.5 Composição em fibra bruta da farinha de jacinto de água

Componente de fibra	% Composição
Fibra em detergente neutro (FDN)	63.54
Fibra em detergente ácido (ADF)	37.46
Celulose	24.60
Hemicelulose	26.08
Lignina (ADL)	12.86

4.1.5 Composição aproximada das dietas experimentais para frangos de carne

A composição proximal das dietas experimentais para frangos de carne é apresentada no Quadro 4.6. O teor de matéria seca (MS) das dietas variou de 93,02% (Dieta 2) a 93,49% (Dieta 4). O teor de MS da dieta 1 e da dieta 3 foi de 93,33 e 93,46%, respetivamente. A proteína bruta foi mais baixa na dieta 4 (20,23 %) e mais alta na dieta 1 (20,88 %); a dieta 2 e a dieta 3 tinham valores de proteína bruta de 20,75 e 20,25 %, respetivamente. Os valores de fibra bruta variaram de 4,11 % (Dieta 1), passando por 4,60 % (Dieta 2) e 4,67 % (Dieta 3) até 5,67 % (Dieta 4). Também o extrato etéreo variou de 4,60 % (Dieta 2), passando por 4,67 % (Dieta 3) e 5,67 % (Dieta 4) até 8,20 % (Dieta 1). Da mesma forma, o teor de cinzas variou de 9,80 % (Dieta 2), passando por 10,40 % (Dieta 3) e 11,50 % (Dieta 4) até 13,45 % (Dieta 1). Para os extractos livres de azoto (NFE), o valor mais elevado foi obtido na dieta 1 (46,69 %), enquanto o valor mais baixo foi obtido na dieta 2 (16,00 %). Os valores de NFE para a dieta 3 e a dieta 4 foram 18,75 % e 19,90 %, respetivamente.

4.1.6 Desempenho em termos de crescimento de frangos alimentados com dietas que contêm níveis graduais de farinha de jacinto de água

O desempenho do crescimento de frangas alimentadas com níveis graduais de dietas à base de farinha de jacinto de água durante 8 semanas é apresentado no Quadro 4.7. O peso corporal inicial, o peso corporal final, o ganho de peso corporal total, o ganho de peso corporal semanal, o consumo total de ração, o consumo semanal de ração, o rácio de conversão alimentar (rácio ração/ganho), a eficiência energética e a mortalidade não foram significativamente diferentes ($p>0,05$) entre os vários tratamentos dietéticos. No entanto, o peso corporal inicial foi maior nas dietas 2 e 3 (30,67 g) e menor na dieta 4 (29,00 g); o peso corporal final foi maior na dieta 1 (409,37 g) e menor na dieta 2 (386,21 g); o ganho de peso corporal total foi maior na dieta 1 (379,70 g) e menor na dieta 2 (355,54 g); o ganho de peso corporal semanal foi maior na dieta 1 (47,46 g) e menor na dieta 2 (44.44 g); o consumo total de ração foi maior na Dieta 4 (1107,00 g) e menor na Dieta 2 (1081,50 g); o consumo semanal de ração foi maior na Dieta 4 (138,37 g) e menor na Dieta 2 (135,18 g); o rácio ração/ganho foi maior na Dieta 4 (3,07) e menor na Dieta 1 (2,86); a eficiência energética foi aproximadamente a mesma para todas as dietas; enquanto a mortalidade foi maior na Dieta 1 (18,67 %) e menor na Dieta 4 (10,67 %). O rácio de eficiência proteica (PER) foi significativamente ($p<0,05$) diferente entre os tratamentos dietéticos, tendo a dieta 4 o valor mais elevado de PER (1,70), que não foi significativamente (p>0,05) diferente do da dieta 3 (1,62), mas significativamente (p<0,05) diferente dos das dietas 1 (1,54) e 2 (1,50), respetivamente.

Quadro 4.6 Composição aproximada das dietas experimentais para frangos de carne

	Níveis de inclusão de farinha de jacinto de água (%)			
	0	5	10	15
Parâmetros	**Dieta 1**	**Dieta 2**	**Dieta 3**	**Dieta 4**
Matéria seca (MS)	93.33	93.02	93.46	93.49
Proteína bruta (PC)	20.88	20.75	20.25	20.23
Fibra bruta (FC)	4.11	4.60	4.67	5.67
Extrato etéreo (EE)	8.20	4.60	4.67	5.67
Cinzas	13.45	9.80	10.40	11.50
Extractos isentos de azoto (NFE)	46.69	16.00	18.75	19.90

Quadro 4.7 Desempenho em termos de crescimento de frangos de carne alimentados com dietas contendo níveis graduais de farinha de jacinto de água

	Níveis de inclusão de farinha de jacinto de água (%)					
arâmetros	**0**	**5**	**10**	**15**	**SEM**	**LOS**
Peso corporal inicial (g/ave)	29.67	30.67	30.67	29.00	0.60	NS
Peso corporal final (g/ave)	409.37	386.21	389.62	390.20	5.43	NS
Ganho de peso corporal total (g/ave)	379.70	355.54	358.96	361.20	5.73	NS
Ganho de peso corporal semanal (g/ave)	47.46	44.44	44.87	45.15	0.72	NS
Consumo total de ração (g/ave)	1083.50	1081.50	1093.80	1107.00	8.70	NS
Consumo semanal de ração (g/ave)	135.44	135.18	136.72	138.37	1.09	NS
Rácio alimentação/ganho (FCR)	2.86	3.05	3.06	3.07	0.05	NS
Rácio de eficiência proteica (PER)	1.54^{b}	1.50^{b}	$1,62^{ab}$	1.70^{a}	0.03	*
Eficiência energética (ENE)	0.41	0.41	0.41	0.41	0.002	NS

Mortalidade (%)	18.67	14.67	13.33	10.67	2.53	NS

[a b] As médias na mesma linha com diferentes sobrescritos são significativamente diferentes (p<0,05)

SEM = Erro padrão das médias   LOS = Nível de significância

4.1.7 Digestibilidade dos nutrientes de frangos de carne alimentados com dietas contendo níveis graduais de farinha de jacinto de água

A digestibilidade de frangos alimentados com dietas contendo níveis graduais de farinha de jacinto de água é apresentada no Quadro 4.8. Os valores de digestibilidade da matéria seca (MS) e das cinzas não foram significativamente diferentes (p>0,05) entre os tratamentos dietéticos; mas o valor mais elevado de digestibilidade da MS foi obtido na dieta 2 (84,46 %) e o valor mais baixo na dieta 3 (82,70 %), enquanto o valor mais elevado de digestibilidade das cinzas foi obtido na dieta 3 (66,38 %) e o valor mais baixo na dieta 1 (57,04 %). As digestibilidades da proteína bruta (PC), da fibra bruta (CF), do extrato etéreo (EE) e dos extractos isentos de azoto (NFE) foram significativamente diferentes (p<0,05) entre os tratamentos dietéticos. O valor da digestibilidade do PC para a Dieta 1, Dieta de Controlo (78,97 %), não foi significativamente (p>0,05) diferente da Dieta 2 (73,84 %), mas foi significativamente (p<0,05) superior ao da Dieta 3 (69,57 %) e Dieta 4 (68,70 %), com 10 % e 15 % de farinha de jacinto de água (WHM), respetivamente. A digestibilidade da FC para a Dieta 1 (64,86 %) e Dieta 2 (69,79 %), com 0 % e 5 % de farinha de jacinto de água, respetivamente, não foram significativamente (p>0,05) diferentes entre si, mas foram significativamente (p<0,05) mais elevados do que os da Dieta 3 (31,80 %) e Dieta 4 (33,20 %), com 10 % e 15 % de farinha de jacinto de água, respetivamente. O valor da digestibilidade do EE para a dieta 1 (90,32 %), dieta 2 (91,64 %) e dieta 3 (92,58 %), com 0, 5 e 10 % de WHM respetivamente, foram significativamente (p<0,05) mais elevados do que para a dieta 4 (85,04 %), com 15 % de WHM. O valor da digestibilidade do NFE obtido para a dieta 1 (91,05 %), com 0 % de WHM, foi significativamente (p<0,05) inferior aos valores obtidos para as dietas WHM (94,01, 95,78 e 97,54 % para as dietas 2, 3 e 4, respetivamente). Os valores obtidos para os nutrientes digestíveis totais (NDT) foram significativamente (p<0,05) mais elevados para a dieta 1 (79,45 %), dieta 2 (81,20 %) e dieta 3 (78,92 %) do que os obtidos para a dieta 4 (72,91 %).

Quadro 4.8 Digestibilidade dos nutrientes de frangos de carne alimentados com dietas contendo níveis graduais de farinha de jacinto de água (%)

Parâmetros	Níveis de inclusão de farinha de jacinto de água (%)					
	0	5	10	15	SEM	LOS
Matéria seca	83.33	84.46	82.70	82.91	0.70	NS
Proteína bruta	78.97^{a}	73,84^{ab}	69.57^{b}	68.70^{b}	1.57	*
Fibra bruta	64.86^{a}	69.79^{a}	31.80^{b}	33.20^{b}	5.66	*
Extractos etéreos	90.32^{a}	91.64^{a}	92.58^{a}	85.04^{b}	0.99	*
Cinzas	57.04	62.57	66.38	65.93	2.01	NS
Extractos isentos de azoto	91.05^{c}	94.01^{b}	95,78^{ab}	97.54^{a}	0.78	*
Nutrientes digeríveis totais (TDN)	79.45^{a}	81.20^{a}	78.92^{a}	72.91^{b}	1.03	*

[a b] As médias na mesma linha com diferentes sobrescritos são significativamente diferentes ($p<0,05$)
SEM = Erro padrão da média LOS = Nível de significância

4.1.8 Caraterísticas da carcaça de frangos de carne alimentados com dietas que contêm níveis graduais de farinha de jacinto de água

As caraterísticas da carcaça de frangos alimentados com dietas contendo níveis graduais de WHM são mostradas na Tabela 4.9. Não houve diferenças significativas ($p>0,05$) no peso vivo, peso de abate, peso depenado, peso eviscerado e peso vestido entre o controlo e as dietas WHM. O peso vivo variou de 483,33 g (na Dieta 4) a 566,67 g (na Dieta 1); o peso de abate variou de 95,98 % (Dieta 4) a 98,78 % (Dieta 2); o peso depenado variou de 82.95 % (Dieta 4) a 87,12 % (Dieta 3); o peso eviscerado variou de 66,46 % (Dieta 1) a 69,83 % (Dieta 3); e o peso preparado variou de 57,13 % (Dieta 1) a 62,24 % (Dieta 3). Além disso, não houve diferenças significativas ($p>0,05$) na carne na carcaça, no osso na carcaça e na relação carne/osso entre os vários tratamentos dietéticos. A carne na carcaça variou de 176,46 g (Dieta 4) a 210,66 g (Dieta 3); o osso na carcaça variou de 81,04 g (Dieta 1) a 92,57 g (Dieta 3); e a relação carne/osso variou de 2,17 (Dieta 4) a 2,35 (Dieta 1).

4.1.9 Peso das partes cortadas e dos órgãos internos de frangos de carne alimentados com dietas contendo níveis graduais de farinha de jacinto de água

O peso das partes cortadas e dos órgãos internos (expresso em % do peso vivo) de frangos alimentados com dietas contendo níveis graduais de WHM é apresentado no Quadro 4.10. Não houve diferenças significativas (p>0,05) na % de peso da cabeça, asas, pernil, baquetas, pescoço, peito, dorso, coração, fígado, papo, moela e pulmão entre os quatro tratamentos dietéticos; enquanto houve diferenças significativas (p<0,05) no peso da coxa, rim, intestino e baço entre os tratamentos dietéticos. A percentagem de peso da coxa para a dieta 4 (7,57%) foi significativamente (p<0,05) inferior à obtida para as dietas 1 e 2, mas não significativamente (p<0,05) diferente da obtida para a dieta 3. O peso dos rins para a dieta de controlo (0,29 %) foi significativamente (p<0,05) menor do que o obtido para todas as outras dietas, exceto a dieta 3 (0,47 %); enquanto o peso do baço para a dieta de controlo (0,13 %) foi significativamente (p<0,05) menor do que o obtido para a dieta 1 (0,23 %), mas não foi significativamente (p>0,05) diferente do obtido para as outras dietas. O peso dos intestinos para a dieta de controlo (6,17 %) foi significativamente (p<0,05) diferente do obtido para a dieta 3 (4,58 %), mas comparável ao obtido para a dieta 2 e a dieta 4 (6,01 e 5,41 %, respetivamente).

Quadro 4.9 Caraterísticas da carcaça (expressas em % do peso vivo) de pintos de frangas alimentados com dietas contendo níveis graduais de farinha de jacinto de água

Parâmetros	Farinha de jacinto de água	níveis de inclusão (%)				
	0	5	10	15	SEM	LOS
Peso vivo (g)	566.67	550.00	563.33	483.33	20.74	NS
Peso ao abate (% PV)	96.78	98.78	97.83	95.98	0.59	NS
Peso depenado (% LW)	85.37	87.04	87.12	82.95	0.97	NS
Peso eviscerado (% PV)	66.46	67.57	69.83	67.92	0.88	NS
Peso do produto acabado (% PV)	57.13	60.47	62.24	59.17	1.02	NS
Carne na carcaça (g)	179.12	204.58	210.66	176.46	7.53	NS
Osso na carcaça (g)	81.04	89.35	92.57	82.40	3.24	NS
Rácio carne/osso	2.35:1	2.31:1	2.29:1	2.17:1	0.08	NS

As médias na mesma linha sem sobrescritos não são significativamente diferentes (p>0,05)

Quadro 4.10 Peso das partes cortadas e dos órgãos internos (expresso em % do peso vivo) de

SEM = erro padrão das médias NS = não significativamente diferente (a = 0,05)

LOS = Nível de significância LW = Peso vivo

pintos de frangos alimentados com dietas que contêm níveis graduais de farinha de jacinto de água

	Níveis de inclusão de farinha de jacinto de água (%)					
Parâmetros (%)	0	5	10	15	SEM	LOS
Cabeça	3.79	3.98	4.06	4.10	0.10	NS
Asas	11.55	10.78	12.10	11.71	0.28	NS
Hastes	4.61	4.56	4.95	4.87	0.22	NS
Coxa	8.27^{ab}	8.81^{a}	8.60^{ab}	7.57^{b}	0.19	*
Baquetas	8.25	8.54	8.94	8.85	0.16	NS
Pescoço	5.60	5.92	6.24	5.93	0.12	NS
Peito	9.34	11.28	10.46	9.43	0.38	NS
Voltar	11.53	11.16	10.74	10.66	0.26	NS

Coração	0.46	0.43	0.48	0.55	0.02	NS
Fígado	1.68	2.39	2.11	1.94	0.15	NS
Rim	0.29^{b}	0.52^{a}	0,47^{ab}	0.67^{a}	0.05	*
Cultura	0.60	0.71	0.74	0.60	0.04	NS
Moela (vazia)	3.84	3.26	3.52	3.96	0.16	NS
Intestinos (vazios)	6.17^{a}	6.01^{ab}	4.58^{b}	5.41^{ab}	0.28	*
Pulmão	0.46	0.45	0.50	0.45	0.03	NS
Baço	0.13^{b}	0.23^{a}	0,16^{ab}	0,17^{ab}	0.01	*

$^{a\,b}$ As médias na mesma linha com diferentes sobrescritos são significativamente (p<0,05) diferentes SEM = Erro padrão das médias LOS = Nível de significância

4.1.10 Perfil hematológico de frangos de carne alimentados com dietas que contêm níveis graduais de farinha de jacinto de água

O perfil hematológico das frangas alimentadas com dietas contendo níveis graduais de WHM é apresentado na Tabela 4.11. Não houve diferenças significativas (p>0,05) na concentração de hemoglobina (Hb), volume de células compactadas (PCV), contagem de glóbulos brancos (WBC), contagem de glóbulos vermelhos (RBC), volume corpuscular médio (MCV), hemoglobina corpuscular média (MCH) e concentração de hemoglobina corpuscular média (MCHC) entre os vários tratamentos dietéticos. A Hb variou de 8,57 g/dl (Dieta 1 e 3) a 9,07 g/dl (Dieta 4); o PCV variou de 25,00 % (Dieta 2) a 28,00 % (Dieta 1); os leucócitos variaram de 17,33 x 10^{9}/l (Dieta 4) a 17,53 x 10^{9}/l (Dieta 3); as hemácias variaram de 2.60 x 10^{12}/l (Dieta 3) a 2,77 x 10^{12}/l (Dieta 4); o VCM variou de 95,06 fl (Dieta 2) a 106,22 fl (Dieta 1); o MCH variou de 32,53 pg (Dieta 1) a 33,57 pg (Dieta 2); enquanto o MCHC variou de 30,71 g/dl (Dieta 1) a 35,55 g/dl (Dieta 2).

4.1.11 Perfil bioquímico de frangos de carne alimentados com dietas contendo níveis graduais de farinha de jacinto de água

O perfil bioquímico de frangos alimentados com dietas contendo níveis graduais de WHM é mostrado na Tabela 4.12. De todos os parâmetros bioquímicos determinados, apenas a globulina (Glo) e a proteína total (TP) mostraram diferenças significativas (p<0,05) entre os tratamentos dietéticos. A concentração de globulina para a dieta de controlo (2,43 g/dl) foi significativamente (p<0,05) diferente da obtida para a dieta 2 (1,37 g/dl) mas não foi significativamente (p>0,05) diferente da obtida para as dietas 3 e 4 (3,90 e 3,67 g/dl respetivamente). Da mesma forma, a concentração de TP para a dieta de controlo (4,63 g/dl) foi significativamente (p<0,05) diferente da obtida para a dieta 2 (3,57 g/dl) mas

Quadro 4.11 Perfil hematológico de frangas alimentadas com dietas contendo níveis graduais de farinha de jacinto de água

Parâmetros	Níveis de inclusão de farinha de jacinto de água (%)					
	0	5	10	15	SEM	LOS
Hemoglobina (g/dl)	8.57	8.83	8.57	9.07	0.18	NS
Volume de células compactadas (%)	28.00	25.00	25.67	27.67	1.00	NS
Contagem de glóbulos brancos (x 10^9/l)	17.47	17.37	17.53	17.33	0.82	NS
Contagem de glóbulos vermelhos (x 10^{12}/l)	2.63	2.63	2.60	2.77	0.04	NS
VCM (fl)	106.2 2	95.06	98.91	99.38	3.16	NS
MCH (pg)	32.53	33.57	33.02	32.94	0.80	NS
MCHC (g/dl)	30.71	35.55	33.37	33.44	0.95	NS

As médias na mesma linha sem sobrescritos não são significativamente diferentes (p>0,05)

NS = não significativamente diferente SEM = erro padrão das médias
LOS = Nível de significância fl = femtolitros l = litros dl = decilitros
pg= picogramas g = grama VCM = Volume corpuscular médio
MCH = Hemoglobina corpuscular média MCHC = Concentração de hemoglobina corpuscular média

farinha de jacinto de água

Parâmetros	Níveis de inclusão de farinha de jacinto de água (%)					
	0	5	10	15	SEM	LOS
Glicose (mg/dl)	192.43	207.73	220.83	211.53	5.47	NS
Ureia (mg/dl)	2.60	2.30	3.07	2.93	0.13	NS
Colesterol (mmol/l)	132.67	132.67	115.67	106.00	6.14	NS
Triglicéridos (mg/dl)	73.33	70.00	83.33	66.67	3.96	NS
Bilirrubina total (mmol/l)	7.97	7.93	7.13	9.77	0.67	NS
Bilirrubina conjugada (mmol/l)	15.60	15.73	13.80	20.23	1.54	NS
Sódio (mmol/l)	142.67	143.33	145.33	143.33	1.45	NS
Cloreto (mmol/l)	111.67	110.67	111.00	110.67	0.25	NS
Potássio (mmol/l)	4.93	5.77	5.27	5.57	0.14	NS
Bicarbonato (mmol/l)	21.00	21.67	22.00	22.33	0.39	NS
ALP (UI/l)	61.30	54.07	67.00	66.43	5.57	NS
AST (UI/l)	99.00	102.00	107.33	103.67	3.22	NS
ALT (UI/l)	19.33	27.33	26.33	23.67	2.29	NS
Albumina (g/dl)	2.20	2.20	2.17	2.20	0.01	NS
Globulina (g/dl)	2.43^{ab}	1.37^{b}	2.90^{a}	2.67^{a}	0.23	*
Proteína total (g/dl)	4.63^{ab}	3.57^{b}	5.07^{a}	4.87^{a}	0.22	*

[a b] As médias na mesma linha com diferentes sobrescritos são significativamente diferentes (p<0,05)
SEM = Erro padrão das médias LOS = Nível de significância
NS = não significativamente diferente ALP = fosfatase alcalina
AST = Aspartato transaminase ou aspartato aminotransferase
ALT = Alanina transaminase ou alanina aminotransferase

não foi significativamente (p>0,05) diferente do obtido com a dieta 3 e a dieta 4 (5,07 e 4,87 g/dl, respetivamente). Não se registaram diferenças significativas (p>0,05) nas concentrações de glicose, ureia, colesterol, triglicéridos, bilirrubina total (BT), bilirrubina conjugada (BC), sódio (Na^+), cloreto (Cl^-), potássio (K^+), bicarbonato (HCO_3^-) e albumina (Alb) no soro das aves submetidas a diferentes regimes alimentares com níveis variáveis de WHM. Além disso, as concentrações das enzimas hepáticas, fosfatase alcalina (ALP), aspartato transaminase (AST) e alanina transaminase (ALT) no soro das aves nos tratamentos dietéticos não foram significativamente diferentes (p>0,05).

4.1.12 Economia da conversão alimentar de frangos de carne alimentados com dietas contendo níveis graduais de farinha de jacinto de água

A economia da conversão alimentar de frangos alimentados com dietas contendo níveis graduais de farinha de jacinto de água é apresentada no Quadro 4.13. O custo por kg de ração diminuiu à medida que o nível de inclusão da farinha de jacinto de água na dieta aumentou; de N95,02 na dieta 1 para N92,78 na dieta 4, levando a uma economia de custos de ração de 0,78, 1,56 e 2,36% para as dietas 2, 3 e 4, respetivamente. Não houve diferenças significativas (p>0,05) entre os vários tratamentos dietéticos no custo da ração consumida por ave, no custo da ração por kg de ganho de peso vivo e na margem bruta por ave.

Quadro 4.13 Economia da conversão alimentar de frangos de carne alimentados com dietas contendo níveis graduais de farinha de jacinto de água

Parâmetros	Níveis de inclusão de farinha de jacinto de água (%)					
	0	5	10	15	SEM	LOS
Custo/kg de ração (N)	95.02	94.28	93.53	92.78	-	-
Poupança de custos de alimentação (N)	-	0.74	1.75	2.24	-	-
Poupança de custos de alimentação (%)	-	0.78	1.56	2.36	-	-
*Custo da alimentação consumida/ave (N)	102.96	101.96	102.30	102.70	0.78	NS
*Custo da alimentação/kg de ganho de peso vivo (N)	271.31	287.55	285.81	284.37	3.95	NS
*Margem bruta/ave (N)	76.74	66.13	67.51	67.40	1.42	NS

As médias na mesma linha sem sobrescritos não são significativamente diferentes (p>0,05)

SEM = Erro padrão das médias LOS = Nível de significância NS = não significativamente diferente *O custo/kg da farinha de jacinto de água moída e das vísceras de trigo foi de N22 e N60, respetivamente.

Capítulo 5

5.0 DISCUSSÃO, CONCLUSÃO E RECOMENDAÇÕES

O principal objetivo deste capítulo é explicar, cientificamente, os resultados obtidos neste estudo de investigação e retirar deles conclusões significativas, na esperança de que tais conclusões contribuam significativamente para o conhecimento científico. Segundo Max Rubner (1854 - 1932), "a investigação de um problema deve procurar alargar as fronteiras do conhecimento; a mera repetição não traz progresso".

5.1 Discussão

A composição proximal média da farinha de jacinto de água obtida neste estudo de investigação (Tabela 4.1) é semelhante aos resultados obtidos por diferentes trabalhadores (Konyeme *et al.*, 2006; Olomu, 2011; e Sotolu e Sule, 2011) em diferentes locais na Nigéria (Tabela 2.5). Com exceção do valor de cinzas obtido por Konyeme *et al.* (2006) que foi muito baixo (2,71 %) quando comparado com os valores obtidos neste trabalho de investigação (24,16 %) e por outros trabalhadores, todos os valores obtidos para a MS, PC, CF, EE e NFE para WHM são comparáveis aos valores obtidos por outros trabalhadores. Isto está de acordo com o relatório da FAO (2009) que, tal como a maioria das macrófitas aquáticas, o teor de lípidos brutos (extrato etéreo) dos jacintos de água é geralmente baixo e varia entre 2-4 % na base da matéria seca, independentemente da planta inteira ou das folhas; o teor de cinzas das plantas inteiras varia entre 15-34 %, enquanto que nas folhas varia entre 10-18 %; o teor de fibra bruta é geralmente elevado nos jacintos de água e varia entre 17-32 %, independentemente da planta inteira ou das folhas. Assim, pode dizer-se que podem existir ligeiras variações na composição química das farinhas de jacinto de água colhidas em diferentes locais e períodos do ano, mas a sua composição proximal permanece basicamente a mesma. Quando a composição proximal da farinha de jacinto de água é comparada com a das vísceras de trigo (quadro 4.2), verifica-se que, em média, a farinha de jacinto de água tem um teor mais elevado de CF (21 % contra 11 %), um teor mais baixo de PC (14 % contra 16 %), um teor mais elevado de cinzas (24 % contra 6 %) e um extrato etéreo comparável (5 % contra 4 %) e um teor de energia metabolizável (1901 kcal/kg contra 1845 kcal/kg). Por conseguinte, com base na semelhança da composição proximal da WHM e da WO, pode deduzir-se que a WHM pode ser utilizada como um substituto viável da WO, para a substituir na formulação de dietas para frangos de carne.

Sobre a composição mineral da WHM, os valores obtidos para K, Ca e Mg (1,02, 3,03 e 2,01 %, respetivamente), conforme mostrado na Tabela 4.3, diferem dos valores obtidos por Aderibigbe e Brown, 1993 (4,61, 0,18 e 0,31 %) e Fasakin, 2002 (4,28, 2,63 e 0,02 %), respetivamente. Além disso, os valores obtidos para Cu, Fe e Mn (0,46, 5,87 e 0,76 ppm) diferem dos valores obtidos por Aderibigbe e Brown, 1993 (20, 2557 e 222 ppm), respetivamente; enquanto o valor de Zn (0,14 ppm) é inferior ao valor obtido por Fasakin, 2002 (77,3 ppm). Assim, estes resultados indicam que a composição mineral do jacinto de água varia de localidade para localidade, dependendo da composição mineral da sua vizinhança imediata de água. Os cientistas descobriram o potencial da planta para extrair vigorosamente nutrientes do seu meio. Tem uma elevada capacidade de absorção e funciona como um agente eficaz de limpeza e de eliminação de metais pesados como o cádmio, o mercúrio e o níquel. É também um bom extrator de outras substâncias químicas, tais como nitratos, fosfatos, amoníaco, silicato, cloro e enxofre depositados no habitat aquático a partir de efluentes industriais e domésticos, daí a sua utilização no tratamento biológico de águas residuais e na bioremediação (Bolorunduro, 2002). Para este estudo de investigação, as farinhas de jacinto de água utilizadas têm níveis baixos de concentrações de metais pesados e estão abaixo dos limites superiores permitidos, conforme estipulado pela Organização das Nações Unidas para a Alimentação e a Agricultura/Organização Mundial de Saúde, que são 300, 270 e 500 ppm, respetivamente, para Zn, Cu e Pb (Awasthi, 2000).

Sobre os factores antinutricionais na WHM (Quadro 4.4), pode ver-se que os níveis de saponina, tanino, fitato e alcaloide na WHM são muito baixos quando comparados com os níveis normalmente encontrados em cereais e leguminosas e estão abaixo dos limites críticos recomendados para estes factores antinutricionais (Kumar *et al,* 2010). Por outras palavras, a WHM não tem quantidades apreciáveis de factores antinutricionais comuns, exceto a presença de oxalato que está ligeiramente acima do limite crítico recomendado (2,24 mg/100g contra 0,54 mg/100g). O teor de oxalato da WHM obtido neste estudo (2,24 mg/100g) está de acordo com o valor de 24 g/kg de MS relatado por Ha e Kim (2004). A ingestão de forragem contendo uma grande quantidade de oxalato solúvel pode resultar em deficiência de Ca nos animais devido à formação de oxalato de cálcio nos intestinos e no sangue (Rahman *et al,* 2010). No entanto, a WHM contém uma quantidade considerável de Ca (3,03 %, comparável a 32 g/kg de MS obtida por Tham e Udeh, 2013), o que pode compensar as perdas causadas pelo oxalato. É por isso que os porcos podem consumir entre 1-2 kg de peso fresco de jacinto de água diariamente; e as farinhas secas e trituradas utilizadas em misturas de várias percentagens (2,5 - 10 %) com a alimentação normal para porcos, galinhas, patos e gado; e até 30 % para coelhos (Moreland, Collins, Hansen e O'Brien, 1991). Aderibigbe e Brown (1993) demonstraram que o valor nutritivo e a digestibilidade dos nutrientes do jacinto de água aumentam quando este é seco e complementado com um ingrediente alimentar de elevado valor energético e uma fonte de proteínas adequada. Assim, o jacinto de água, um inimigo, está agora a tornar-se um potencial salvador da indústria de alimentação animal, que atualmente geme sob o jugo do elevado custo dos alimentos para animais (Ojeifo, Ekokotu, Olele e Ekelemu, 2001).

O componente de fibra bruta da WHM é constituído por 24,60 % de celulose, 26,08 % de hemicelulose e 12,86 % de lignina; e tem valores de NDF e ADF de 63,54 e 37,46 %, respetivamente (Quadro 4.5). Este resultado é ligeiramente diferente do que foi obtido para a farinha de folhas de jacinto de água por Mangisah *et al.* (2010). Os autores obtiveram 49,3 % de NDF, 28,16 % de ADF, 24,61 % de celulose, 21,14 % de hemicelulose e 3,35 % de lignina. No entanto, os valores de FDN e FAD de 63,54 e 37,46 obtidos para a WHM neste estudo comparam-se favoravelmente com os valores de 62,3 e 29,0, respetivamente, obtidos por Dung (2001) para o jacinto de água de rebentos inteiros colhidos no rio no delta do Mekong, no Vietname; também estão de acordo com as conclusões de Jantrarotia (1991) de que o jacinto de água tem um FAD baixo de 33 %. Além disso, o resultado da análise de CF foi próximo dos obtidos por Gunnarson e Petersen (2007) numa revisão que abrangeu jacintos de água recolhidos de várias fontes em todo o mundo. Eles relataram celulose 17,8 - 31 %; hemicelulose 22,0 -

43.4 % e lignina 7,0 - 26,36 %.

O principal problema da utilização da WHM na alimentação de animais monogástricos é o seu elevado teor de fibras, uma vez que os animais não produzem diretamente a enzima celulase e a sua capacidade de manter uma flora intestinal simbiótica capaz de hidrolisar a celulose é limitada. Por conseguinte, a fibra insolúvel e a lenhina são geralmente consideradas como diluentes de nutrientes (Edwards, 1995). No entanto, a inclusão de quantidades moderadas de fibra em dietas com baixo teor de fibra pode melhorar o desempenho dos pintos em idades precoces, reduzindo o pH da moela e melhorando a utilização dos nutrientes (Mateos, Martin, Latorre, Vincente e La

Zaro (2006); enquanto as aves alimentadas com dietas ricas em fibras tinham um peso de carcaça inferior ao das aves alimentadas com dietas pobres em fibras. Sabe-se que a WHM contém um elevado teor de lenhina (12,86 %); e a lenhina, seguida da sílica e da cutina, são os principais factores limitantes da digestibilidade (Van Soest, 1981).

Relativamente à composição proximal das dietas dos pintos de carne, os valores obtidos neste estudo de investigação (Tabela 4.6) estão dentro dos limites das normas recomendadas para pintos de carne para esta região. O teor de PB variou de 20,23 % (na dieta 4, com 15 % de WHM) a 20,88 % (na dieta 1, com 0 % de WHM). Estes valores estão de acordo com a recomendação de Aduku (1993) e Olomu (2011) para PC em dietas de frangos de corte. O teor de CF das dietas 1, 2 e 3 foi inferior ao limite superior de 5% recomendado para frangos de corte, embora o teor de CF da dieta 4 tenha sido ligeiramente superior (5,7%).

No desempenho de crescimento de frangos alimentados com dietas contendo níveis graduais de WHM, embora não tenha havido diferenças significativas ($p>0,05$) no consumo de ração entre as diferentes dietas, mas, em geral, o consumo médio de ração aumentou à medida que o nível dietético de WHM aumentou (Tabela 4.7). Isto é semelhante ao resultado obtido por Esonu, Udedibie, Emenalom, Madumere e Uchegbu (2008) quando alimentaram pintos de um dia com níveis graduais de farinha de folhas de palma *(Elaeis guinensis)* contendo 12,79 % de PC e 18 % de CF. O elevado teor de fibra da farinha tende a aumentar o teor total de fibra das dietas e a diluir outros nutrientes. Por conseguinte, as aves comeram mais para satisfazer as suas necessidades energéticas a fim de manter um crescimento e um desenvolvimento rápidos, daí o aumento da ingestão de alimentos. Isto também está de acordo com os relatórios de Esonu, Emenalom, Udedibie, Anyanwu, Madu e Inyang (2005) para a farinha de folhas de palma e Egbewande, Jimoh, Ibitoye e Olorede (2011) para a farinha de folhas de visco africano *(Tapinanthus bagwensis)*.

O ganho médio de peso corporal (g/ave) dos pintos de frangos criados durante 8 semanas sob diferentes níveis de inclusão de WHM na dieta não foi significativamente ($p>0,05$) diferente do da dieta de controlo. Este resultado difere do que foi obtido por Nworgu e Fasogbon (2007) quando alimentaram pintos de um dia com 0, 2,5 e 5 % de farinha de folhas de *Centrosema* durante 6 semanas, resultando numa redução significativa do ganho de peso corporal à medida que o nível de inclusão da farinha de folhas de *Centrosema* na dieta aumentava. Mas o resultado está de acordo com o de Esonu *et al.* (2008), quando obtiveram uma redução aparente no ganho médio de peso corporal à medida que o nível de farinha de folhas de palmeira oleaginosa aumentava de 0 a 5 %; mas o ganho de peso corporal não foi significativamente ($p>0,05$) diferente entre os vários tratamentos da dieta .

O rácio de conversão alimentar aumentou à medida que o nível de inclusão de WHM na dieta aumentou, embora os valores obtidos não fossem significativamente ($p>0,05$) diferentes entre os tratamentos dietéticos; enquanto o rácio de eficiência proteica (PER) aumentou à medida que o nível de inclusão de WHM na dieta aumentou, com a dieta 3 (contendo 10 % de WHM) e a dieta 4 (contendo 15 % de WHM) a apresentarem valores de PER significativamente ($p<0,05$) mais elevados. Este melhor desempenho pode ser devido ao nível adequado de fibra bruta da WHM; uma vez que a fibra bruta ativa o intestino, levando a uma maior ocorrência de movimentos peristálticos, a uma maior produção de enzimas e, subsequentemente, a uma melhor utilização das proteínas (Adeniji, 2001; Esonu, Iheukwumere, Emenalom, Uchegbu e Etuk, 2002).

A eficiência energética dos pintos de frangos foi semelhante para todas as dietas, mostrando que a energia nas dietas WHM foi tão eficientemente utilizada como a energia na dieta WO (Dieta de Controlo). Isto pode ser uma indicação da capacidade da WHM para substituir eficaz e eficientemente a WO nas dietas dos pintos de frangos.

A mortalidade (%) registada para pintos de frangas foi de 18,67, 14,67, 13,33 e 10,67 para 0, 5, 10 e 15 % de níveis de inclusão de WHM na dieta, respetivamente (Tabela 4.7). Embora esses valores não tenham sido significativamente diferentes (p>0,05) entre os vários tratamentos dietéticos, eles foram mais altos do que os valores normais esperados de qualquer empresa avícola normal. Na verdade, a mortalidade não se deveu aos efeitos dietéticos dos níveis graduais de WHM, mas sim a um ataque de formigas-soldado aos pintos de um dia recém-adquiridos, que deixou muitos mortos ou mórbidos; e isto foi transversal a todos os tratamentos.

Nos frangos de carne, não houve diferenças significativas (p>0,05) em todas as caraterísticas da carcaça determinadas, bem como no peso das partes cortadas e dos órgãos internos (expresso em % do peso vivo) para os tratamentos dietéticos, exceto para o peso da coxa, do rim, do intestino e do baço (Tabelas 4.9 e 4.10). Estes resultados diferem do que foi obtido por Abeke, Ogundipe, Oladele, Sekoni, Dafwang, Adeyinka, Oni e Abeke (2007) quando determinaram o efeito da alimentação com feijão *Lablab purpureus* cozinhado durante diferentes períodos de tempo no desempenho, peso dos órgãos e parâmetros hematológicos de pintos de frangas Shika Brown. Foi observado que a dieta de *Lablab* crua resultou num aumento do fígado, do coração e do pâncreas devido ao efeito de factores nutricionais anti . Estes órgãos aumentaram de tamanho na sua tentativa de desintoxicar os factores anti-nutricionais presentes nas sementes cruas; um facto corroborado por Amaefule e Obioha (2001), segundo os quais o pâncreas tende a aumentar de tamanho (hipertrofia pancreática) à medida que a sua atividade aumenta na produção de enzimas proteolíticas. Uma vez que não foram obtidos tais aumentos de peso de órgãos para a WHM, isso aponta para o facto de que não contém uma quantidade significativa de tais factores anti-nutricionais.

O peso eviscerado variou de 66,46 - 69,83 % e não foi significativamente diferente (p>0,05) entre as dietas. Este resultado é próximo ao obtido por Hayse e Marison (1973) para frangos de corte de 8 semanas de idade. De acordo com os autores, o rendimento eviscerado das aves acondicionadas em sacos estanques no gelo durante 24 horas foi de 72,04% para os machos e 70,08% para as fêmeas. Além disso, os rácios carne/osso obtidos para a carcaça inteira foram de 2,43 para os machos e de 2,71 para as fêmeas, o que se aproxima dos valores de 2,17 - 2,35 obtidos nesta experiência com os tratamentos dietéticos.

Os valores obtidos para todos os parâmetros hematológicos e bioquímicos determinados para os pintos de frangos (Quadros 4.11 e 4.12) estão dentro dos padrões de referência recomendados para frangos por Jain (1993) e Banerjee (1998). No que respeita ao perfil hematológico, não se registaram diferenças significativas ($p>0,05$) na concentração de hemoglobina (Hb), no volume de células compactadas (PCV), na concentração de glóbulos brancos (WBC), na concentração de glóbulos vermelhos (RBC), no volume corpuscular médio (MCV), na hemoglobina corpuscular média (MCH) e na concentração de hemoglobina corpuscular média (MCHC) entre os vários tratamentos dietéticos. Este resultado é semelhante ao resultado obtido por Ocheja, Lalabe, Okpanachi, Atabor e Anaja (2012) que determinaram o desempenho e os parâmetros hematológicos de pintos de seis semanas de idade alimentados com diferentes níveis de resíduos de Bambarranut *(Voandzeia subterranean)*. Os autores constataram que não houve diferenças significativas ($p>0,05$) nos componentes celulares do sangue, leucócitos, hemácias, PCV, Hb, basófilos e eosinófilos; exceto para o neutrófilo que foi significativamente ($p<0,05$) diferente entre os tratamentos dietéticos. De acordo com os autores, o bambarranut tem um teor de proteína bruta de 20,34% e um teor de fibra bruta de 16,83% (com baixos níveis de factores anti-nutricionais), o que é comparável à WHM na composição proximal. Noutro estudo de investigação realizado por Iyayi, Taiwo e Fagbohun (2005), foram determinados o desempenho, as caraterísticas da carcaça, os estudos hematológicos e hispatológicos de frangos de carne alimentados com níveis graduais de Mucuna *(Mucuna utilis)*. Os níveis de PCV, a concentração de Hb e as contagens de RBC diminuíram com o aumento dos níveis de Mucuna nas dietas (como substituto da farinha de soja) devido à destruição dos glóbulos vermelhos pelos anti-nutrientes. De acordo com os autores, o cianeto inibe a separação do heme da hemoglobina, o que leva a uma diminuição da eritropoiese. Neste estudo de investigação, é muito provável que, devido à ausência destes anti-nutrientes na WHM, não se tenha registado uma redução gradual dos valores de Hb, RBC e WBC com nívcis crescentes de WHM nas dietas.

Não se registaram diferenças significativas ($p>0.05$) diferenças na glucose sérica, ureia, colesterol, triglicéridos, bilirrubina total (BT), bilirrubina conjugada (BC), sódio, cloreto, potássio, bicarbonato, fosfatase alcalina (ALP), aspartato transaminase (AST) e alanina transaminase (ALT) entre os tratamentos dietéticos; apenas a globulina (Glo) e a proteína total (TP) apresentaram diferenças significativas ($p<0,05$) (Tabela 4.12). Este resultado compara-se favoravelmente com o resultado obtido por Egbewande *et al.* (2011) quando alimentaram com farinha de folhas de visco africano *(Tapinanthus bagwensis)* frangos de corte Anak de um dia durante seis semanas. Os metabolitos do soro não mostraram diferenças significativas (p>0,05) entre as médias dos tratamentos, exceto na globulina. O resultado também é semelhante ao obtido por Olorede e Longe (1999) quando alimentaram pintos de frangos Bovan Nera com níveis variáveis de bolo de manteiga *(Butyrospernum paradoxum)* durante seis semanas. Verificaram que, dos metabolitos séricos determinados, a albumina, a globulina, a proteína total (PT), a ureia, a creatinina, o colesterol, a ALT e a AST não eram significativos (p>0,05) entre os tratamentos dietéticos; no entanto, houve uma redução na proteína total, na albumina e no colesterol com níveis mais elevados de inclusão de bolo de manteiga de karité, indicando a qualidade nutricional inferior do bolo. No presente estudo, no entanto, não se registou essa redução nos valores de albumina, globulina e proteína total com níveis mais elevados de inclusão de WHM na dieta. De facto, os valores não foram significativamente (p>0,05) diferentes dos da dieta de controlo (dieta 1). Isso pode ser uma indicação da adequação das dietas com WHM para frangos de corte em níveis de inclusão de 10 e 15 % na dieta.

A economia da conversão alimentar de frangas alimentadas com níveis graduais de dietas à base de farinha de jacinto de água é apresentada no Quadro 4.13. No entanto, não se registaram diferenças significativas (p>0,05) no custo da ração consumida/ave (N), no custo da ração por kg de ganho de peso vivo (N) e na margem bruta por ave (N). O custo da ração por kg de ração (N) diminuiu à medida que o nível dietético de WHM aumentou, levando a uma economia de custos de ração de 0,78, 1,56 e 2,36% para as dietas 2, 3 e 4, respetivamente. Esta tendência é semelhante à que foi obtida por Nworgu e Fasogbon (2007) quando alimentaram frangos de carne e frangas em crescimento com farinha de folhas de *Centrosema pubescens* a 0, 2, 4 e 6 % de níveis de inclusão na dieta. À medida que o nível de inclusão da farinha de folhas na dieta aumentava, o custo da ração por kg diminuía. Por conseguinte, o jacinto de água, que é conhecido como um incómodo nos nossos rios e vias navegáveis interiores, pode ser considerado um produto residual disponível gratuitamente. Com base neste estudo de investigação, crê-se que a WHM pode ser um

um substituto mais barato e melhor para a WO na dieta dos pintos de frangos, se forem utilizados meios mais eficientes de colheita e transformação da planta em grande escala.

5.2 Conclusão

Com base no desempenho do crescimento, a WHM pode ser incluída nas dietas de pintos de frangos até 15%, sem efeitos deletérios sobre o consumo de ração, o ganho de peso, a taxa de conversão alimentar e a eficiência energética. No entanto, com base no ensaio de digestibilidade, os CF foram mal utilizados a 10 e 15 % dos níveis de inclusão da WHM na dieta, embora a digestibilidade global da MS não tenha sido significativamente diferente ($p>0,05$) entre os vários tratamentos dietéticos. A utilização de nutrientes digestíveis totais (NDT) ou de energia foi significativamente ($p<0,05$) mais baixa para a dieta com 15 % de WHM do que para as outras dietas. Não se registaram diferenças significativas ($p>0,05$) no peso vivo (PV), peso de abate (PV), peso depenado (PD), peso eviscerado (PES), peso preparado (PD), carne na carcaça, osso na carcaça e relação carne/osso (RCO) entre a dieta de controlo e a dieta com WHM. Além disso, não houve diferenças significativas ($p>0,05$) no peso da cabeça, asas, pernil, coxa, pescoço, peito, dorso, coração, fígado, papo, moela e pulmão, mas foram encontradas diferenças significativas ($p<0,05$) no peso da coxa, rim, intestino e baço entre os tratamentos dietéticos. Não se registaram diferenças significativas ($p>0,05$) na concentração de hemoglobina (Hb), no volume de células compactadas (PCV), na concentração de glóbulos brancos (WBC), na concentração de glóbulos vermelhos (RBC), no volume corpuscular médio (MCV), na hemoglobina corpuscular média (MCH) e na concentração de hemoglobina corpuscular média (MCHC) entre os tratamentos dietéticos. De todos os parâmetros bioquímicos determinados, apenas a globulina (Glo) e a proteína total (TP) apresentaram diferenças significativas ($p<0,05$) entre os tratamentos dietéticos. Em termos de economia de conversão alimentar, o custo da ração por kg de ganho de peso vivo foi mais baixo e a margem bruta por ave foi mais elevada para a dieta de controlo; embora as diferenças não tenham sido significativas ($p>0,05$) quando comparadas com as outras dietas.

5.3 Recomendações

Com base nos resultados do presente estudo de investigação, são feitas as seguintes recomendações:

(i) A WHM pode ser incluída até 10 % nas dietas de frangos de carne (substituindo 50 % de miudezas de trigo), sem a adição de quaisquer enzimas exógenas, para um desempenho ótimo em termos de crescimento, digestibilidade dos nutrientes e economia na conversão alimentar.

(ii) A WHM pode ser incluída até 15 % nas dietas de frangos de carne (substituindo 75 % das miudezas do trigo) sem efeitos adversos nas caraterísticas da carcaça e no perfil hematológico e bioquímico.

(iii) Devem ser efectuados mais trabalhos de investigação sobre a utilização da WHM por frangas em crescimento e galinhas poedeiras com e sem suplementação de enzimas exógenas. Recomenda-se igualmente que sejam efectuados mais trabalhos de investigação sobre a forma de tirar o máximo e eficaz proveito da componente rica em cinzas da WHM (cerca de 24 %). A incorporação de WHM como ingredientes componentes de pré-misturas de vitaminas/minerais para galinhas poedeiras deveria ser seriamente estudada.

Os resultados deste estudo de investigação podem ser considerados como um marco histórico e um avanço significativo para a produção animal! Isto porque uma erva daninha nociva que é um incómodo para todos, com milhões de dólares gastos todos os anos na sua erradicação e controlo, pode agora ser convertida num recurso alimentar importante e valioso para as aves de capoeira. Além disso, o nível de inclusão na dieta de até 15 %, considerado adequado neste estudo de investigação para frangos de carne, é bastante significativo. Por conseguinte, a planta do jacinto de água deve agora ser considerada uma planta de bênção e não uma maldição na Nigéria. Deve ser considerada como um ativo valioso e não como um passivo ou um incómodo. Tal como previsto pelo famoso parapsicólogo, Dr. Okunzua, em 1985, a planta do jacinto de água está de facto "cheia de riqueza e bênçãos", e poderia muito bem desempenhar um papel importante na indústria de alimentação animal do futuro.

REFERÊNCIAS

Abdel-sabour, M. F. (2010). Jacinto de água: Recurso disponível e renovável. Recuperado de http://www.docstoc.com/docs/51716998/Water-hyacinth--Available-and-Renewable- resource em julho de 2013.

Abeke, F. O., Ogundipe, S. O., Oladele, S., Sekoni, A. A., Dafwang, I. I., Adeyinka, I. A., Oni, O. O. & Abeke, A. (2007). Efeito da duração da cozedura de feijão *Lablab purpureus* no desempenho, peso dos órgãos e parâmetros hematológicos de frangas Shika Brown. *Jornal de Ciências Biológicas, 7(3): 562-565.*

Achadu, G. O., Anugwa, F. O. I. & Kaankuka, F. G. (2010). O valor de substituição da mistura de pasta de levedura de cerveja e miudezas de milho por soja gorda e milho nas dietas de suínos. *Jornal Nigeriano de Produção Animal, 37(1): 50-60.*

Adeniji, A. A. (2001). O potencial da farinha de conteúdo ruminal de sangue bovino como alimento para o gado. *Tropical Animal Production Investigation, 4:151-156.*

Aderibigbe, A. O. & Brown, A. A. (1993). Caraterísticas nutricionais de duas ervas daninhas aquáticas tropicais para ruminantes. *Ife Journal of Agriculture, 16 & 17: 42-54.*

Adesida, S. A., Agunbiade, J. A. & Eniolorunda, O. O. (2010). Effect of palm kernel cake and deoiled palm kernel cake on the performance of cockerels. *Nigerian Journal of Animal Production, 37(1): 34-39.*

Aduku, A.O. (1993). Tabela de análise de alimentos para animais tropicais. Nutrient Requirements of Animals (Necessidades de nutrientes dos animais). Universidade Ahmadu Bello, Samaru-Zaria, Nigéria.

Akande, T. O., Adeyeri, M. K., Longe, O. G. & Odunsi, A. A. (2007). Resposta de galinhas poedeiras a níveis graduais de farinha de folhas de *Tephrosia bracteolata* alimentadas com farinha de soja ou farinha de soja gorda. *Livestock Research for Rural Development, 19(8): 108.*

Akinyemiju, O. A., Bewaji, F. A. & Imevbore, A. M. A. (1988). Controlo químico do jacinto de água. In: Water hyacinth, menace and resource. *Actas de um Workshop Internacional realizado em Lagos, Nigéria, 7-12 de agosto de 1988. Editores, Oke, O. L., Imevbore, A. M. A. & Farri, T. A., Publicação do Ministério Federal da Ciência e Tecnologia.*

Al-Harthi, M. A. (2006). Utilização de farinha de folhas de Mangrof tratada em dietas de frangas e o seu efeito no desempenho subsequente das galinhas. *International Journal of Poultry Science, 5(7): 598606.*

Al-kirshi, R., Alimon, A. R., Zulkifli, I., Sazili, A., Zahari, M. W. & Ivan, M. (2010). Utilização de farinha de folhas de amoreira *(Morus alba)* como suplemento proteico em dietas para galinhas poedeiras. *Jornal Italiano de Ciência Animal, 9(e51): 265-267.*

Amaefule, K. U., Abasiekong, S. F., Ibe, S. N. & Onwudike, O. C. (2009). Digestibilidade e utilização de nutrientes de alguns subprodutos agro-industriais fornecidos a porcos em crescimento nos trópicos húmidos. *Jornal de Nutrição do Paquistão, 8(4): 355-360.*

Amaefule, K. U. & Obioha, F. C. (2001). Desempenho e utilização de nutrientes de frangos de carne alimentados com dietas que contêm sementes de ervilha-de-pombo (*Cajanus cajan)* cruas, cozidas ou descascadas. *Nigerian Journal of Animal Production, 28: 31-39.*

Anh, H. M. e Huyen, B. T. (2007). Possível utilização do jacinto de água na nutrição e na indústria no Vietname. Recuperado de http://www.docstoc.com/docs/34081581/Possible- utilizatio-of-the-water-hyacinth-in-nutrition-and-industry em julho de 2013.

A.O.A.C. (1984). Association of Official Analytical Chemists. Official Methods of Analysis, 14th edition, Washington DC.

A.O.A.C. (1990). Association of Official Analytical Chemists. Official Methods of Analysis, 15th edition, Washington DC.

Awasthi, S. K. (2000). Lei n.º 37 de 1954 relativa à prevenção da adulteração de alimentos. Central and State Rules as Amended for 1999, 3rd edition, Ashioka Law House, New Delhi.

AWT (Arbeitsgemeinschaft fur Wirkstoffe in der Tierernahrung) (2002). *Vitamins in Animal Nutrition*, AWT, 2002.

Ayanwale, B. A. (2003). O efeito da alimentação de soja tratada com sequicarbonato de sódio na utilização de energia e no desempenho de frangos de carne. *Pertanika Journal of Agricultural Science, 26: 7-13.*

Ayssiwede, S. B., Dieng, A., Chrystosome, C., Ossebi, W., Hornick, J. L. & Missohou, A. (2010). Digestibilidade e utilização metabólica e valor nutricional da farinha de folhas de *Leucaena leucocephala* (Lam.) incorporada nas dietas de frangos indígenas do Senegal. *International Journal of Poultry Science, 9(8): 767-776.*

Banerjee, G. C. (1998). *A Textbook of Animal Husb&ry,* 8th edition. Nova Deli, Índia: Oxford e Ibh Publishing Co. Pvt. Ltd, pp. 134-139.

Bateman, R. (2000). IMPECCA: Um Programa de Colaboração Internacional para investigar o desenvolvimento de um micoherbicida para utilização contra o jacinto de água em África. In: Biological and Integrated Control of Water Hyacinth, *Eichhornia crassipes. Actas da 2ª reunião do grupo de trabalho mundial para o controlo biológico e integrado do jacinto de água, Pequim, China, 9-12 de outubro de 2000.*

Barrett, S. C. H. (1989). Invasões de ervas daninhas aquáticas. *Scientific American, 264(4): 90-97.*

Berry, S. & D'Mello, J. F. P. (1981). Uso de *Leucaena leucocephala* e farinhas de capim como fontes de pigmentos de gema em dietas para galinhas poedeiras. *Tropical Animal Production, 6(2): 167-173.*

Blasi, D. A., Kuhl, G. L., Drouillard, J. S., Reed, C. L., Trigo-Stockli, D. M., Behnke, K. C. & Fairchild, F. J. (1998). Wheat middlings: composition, feeding value and storage guidelines. *Estação Experimental Agrícola e Serviço de Extensão Cooperativa da Universidade do Estado do Kansas: Contribuição nº 99-35-E, agosto de 1998.*

Bolohunduro, P. L. (2002). Infestação de jacinto de água: incómodo ou pepita. Recuperado de http://aquaticommons.org/945/1/WH 111-121.pdf em outubro de 2009.

Burton, B. T. (1965). *The Heinz Handbook of Nutrition.* Nova Iorque, EUA: McGraw-Hill.

Campbell, J. R., Kenealy, M. D. & Campbell, K. L. (2003). *Animal Sciences: The Biology, Care and Protection of Domestic Animals (4th edition).* EUA: McGraw-Hill Higher Education.

Cavalcanti, W. B. & Behnke, K. C. (2004). Efeito da fitase do farelo de trigo submetida a diferentes temperaturas de condicionamento sobre a utilização do fósforo por pintos de corte com base no peso corporal e nas medidas de cinzas do dedo do pé. *International Journal of Poultry Science, 3 (3): 215219.*

CBN (2004). *Boletim Estatístico do Banco Central da Nigéria*, Publicação do CBN, 2004.

Chaney, A. L. & Marbach, A. L. (1962). HCO3- Cl: Método de titulação. *Clinical Chemistry, 8:130 -133.*

Christopher, G. I., Offiong, S. & Idiong, I. C. (2007). Efeito da substituição do milho por miudezas de trigo em dietas para frangos de corte no desempenho de crescimento e no custo da alimentação. *Central European Journal of Agriculture, 8(1): 33-38.*

Church, D. C. & Pond, W. G. (1988). *Basic Animal Nutrition and Feeding* (3rd edition). Nova Iorque, EUA: John Wiley & Sons.

Coon, C. N. (2002). *Commercial Chicken Meat & Egg Production (Produção comercial de carne e ovos de galinha).* EUA: Springer Science Business Media, pp. 267-285.

Dada, S. A. (2002). A utilização do jacinto de água *(Eichhornia crassipes)* por cabras anãs em crescimento da África Ocidental. *Jornal Africano de Investigação Biomédica, 4:147-149.*

Doumas, B. T., Watson, W. A. & Biggs, H. B. (1971). Albumin-Bromocresol green method. *Clinical Chemistry, 23: 31 - 87.*

DSM (2006). *Diretrizes de suplementação vitamínica do DSM,* 2006.

Duncan, D. B. (1955). Multiple Ranges and Multiple F-Tests [Intervalos múltiplos e testes F múltiplos]. *Biometria 11:1-42.*

Dung, N. N. X. (2001). *Avaliação de plantas verdes e subprodutos do delta do Mekong com ênfase na utilização de fibras por suínos.* Dissertação Uppsala: Universidade Sueca de Ciências Agrícolas, Agraria 285.

Eden, R. (1994). Utilização do jacinto de água. Comunicação não publicada, Universidade de Warwick, Reino Unido.

Edewor, J. O. (1988). Desenvolvimento do jacinto de água do estatuto de ameaça para o nível de rentabilidade nacional. In: Jacinto de água, ameaça e recurso. *Actas de um Workshop Internacional realizado em Lagos, Nigéria, 7-12 de agosto de 1988. Editores, Oke, O. L., Imevbore, A. M. A. & Farri, T. A., Publicação do Ministério Federal da Ciência e Tecnologia, pp. 175178.*

Edwards, C. A. (1995). *The physiological effects of dietary fibre (Os efeitos fisiológicos da fibra alimentar).* In: Dietary fibre in health and disease (Fibra alimentar na saúde e na doença). Edição de D. Krit-Chevskv & C. Bonfield. St. Paul, MN: Eagan Press.

Egbewande, O. O., Jimoh, A. A., Ibitoye, E. B. & Olorede, B. R. (2011). Utilização da farinha de folhas de visco africano (*Tapinanthus bagwensis*) por frangos de carne. *Jornal de Nutrição do Paquistão, 10(1): 19-22.*

Esonu, B. O., Azubuike, J. C., Emenalom, O.O., Etuk, E. B., Okoli, I. C., Ukwu, H.O. & Nneji, C. S. (2004). Efeito da suplementação enzimática no desempenho de frangos de corte alimentados com farinha de folhas de *Microdesmis puberula. International Journal of Poultry Science, 3:112-114.*

Esonu, B. O., Emenalom, O. O., Udedibie, A. B. I., Anyanwu, A., Madu, U. & Inyang, A. O. (2005). Avaliação da farinha de folhas de Neem (*Azadirachta indica*) sobre o desempenho, as caraterísticas da carcaça e a qualidade dos ovos de galinhas poedeiras. *Jornal Internacional de Desenvolvimento Agrícola e Rural, 6: 208-212.*

Esonu, B.O., Iheukwumere, F. C., Emenalom, O. O., Uchegbu, M. C. & Etuk, E. B. (2002). Desempenho, utilização de nutrientes e caraterísticas dos órgãos de frangos de carne alimentados com farinha de folhas de *Microdesmis puberula. Livestock Research for Rural Development, 14(6): 15 (http://www.cipav.org.co/lrrd/lrrd14/6/eson146.htm)*

Esonu, B.O., Udedibie, A.B.I., Emenalom, O.O., Madumere, C.C. & Uchegbu, O.A. (2008). Avaliação da farinha de folhas de palma *(Elaeis guinensis)* como ingrediente alimentar em dietas para frangos de carne. *Jornal Nigeriano de Produção Animal, 35(1): 32-39.*

Etches, R. J. (1987). Calcium logistics in the laying hen. *Journal of Nutrition, 117: 619-628.*

Evans, T. (2010). Tendências globais das aves de capoeira: Aumento do consumo de frango em África e na Oceânia. Recuperado de http://www.thepoultrysite.com em setembro de 2010.

FAO (2003). *Agricultura Mundial: Towards 2015/2030, an FAO Perspective.* Organização das Nações Unidas para a Alimentação e a Agricultura, Roma. Editado por Jelle Bruinsma. Londres, Reino Unido: Earthscan Publications Ltd.

FAO (2009). *Use of algae and aquatic macrophytes as feed in small-scale aquaculture. Food and Agriculture Organization Fisheries and Aquaculture Technical Paper 531* (Eds. Hasan, M. R. & Chakrabarti, R).

Organização das Nações Unidas para a Alimentação e a Agricultura, Roma.

Faria, D. E. & Santos, A. L. (2007). Exigências nutricionais das poedeiras. *II Simposio Internacional Sobre Exigencias Nutricionais de Aves e Suinos, pp. 145-158.*

Faria, D. E., Rizzo, M. F., Depoti, B. J., Rombola, L. G., Silva, F. H. A., Aranjo, L. F. & Junqueira, O. M. (2004). Efeitos de diferentes níveis de proteína bruta e lisina sobre o desempenho e a excreção de nitrogênio de galinhas poedeiras comerciais. In: *International Poultry Scientific Forum, Atlanta, Abstracts, p.44.*

Fasakin, E. A. (2002). Valor nutritivo de quatro espécies comuns de plantas aquáticas como fontes de proteína na alimentação animal. *Actas da 27ª Conferência Anual da Sociedade Nigeriana de Produção Animal (NSAP), 17-21 de março de 2002, Universidade Federal de Tecnologia, Akure, Nigéria.*

Fawcett, J. K. & Scott, J. E. (1960). Na-K: Método fotométrico de chama. *Journal of Clinical Pathology, 13: 156 - 158.*

Forbes, J. M. (1995). *Voluntary food intake & diet selection in farm animals* (1st edition). Wallingford, Reino Unido: British Library.

Gichohi, C. M. & Maina, J. G. (1992). Poultry production and marketing (Produção e comercialização de aves domésticas). *Ministério da Produção Pecuária: A Paper Presented in Nairobi, Kenya, November 23-27.*

Gopal, B. (1987). *Jacinto de água.* Série de Estudos de Plantas Aquáticas. Nova Iorque, EUA: Elsevier.

Gunnarson, C. C. & Peterson, C. M. (2007). Os jacintos de água como recurso na agricultura e na produção de energia: A literature review. *Gestão de Resíduos, 27:117-129.*

Ha, J. K. & Kim, H. J. (2004). Gestão da alimentação de animais leiteiros para uma melhor produtividade e segurança alimentar. In: *Seminário sobre Desenvolvimento Sustentável do Setor Leiteiro para a Redução da Pobreza, 22-27 de novembro de 2004.* Faisalabad, Paquistão. pp. 25-35.

Haider, S. Z. (1989). *Trabalhos recentes no Bangladesh sobre a utilização do jacinto de água.* Conselho Científico da Commonwealth, Universidade de Dhaka, Bangladesh.

Hargreaves, T. (2003). *O jacinto de água.* In: O Ecologista: Definindo a agenda ambiental desde 1920. Recuperado de http://ecologist.testing.net-genie.co.uk/investigations/natural world/82936/the water hyacinth.html em agosto de 2012.

Harley, L. S., Julien, M. H. & Wright, A. D. (1997). Jacinto de água: um problema tropical mundial e métodos para o seu controlo. *Actas da 1ª Reunião do Consórcio Internacional do Jacinto de Água, Banco Mundial, 18-19 de março de 1997.*

Harms, R. H. & Russel, G. B. (2000). Avaliação das necessidades de triptofano da poedeira comercial utilizando uma dieta basal à base de farinha de milho e soja. *Poultry Science, 79: 740-742.*

Harms, R. H. & Russel, G. B. (2003). Procedimento para estabelecer níveis de aminoácidos discutidos. *Feedstuffs, Carol Stream IL, 75 (22): 15-18.*

Harms, R. H., Russel, G. B. & Sloan, D. (2000a). Energy utilization of four strains of commercial layers and influence on suggested dietary methionine level. *Journal of Applied Animal Research, 18: 2-31.*

Harms, R. H., Russel, G. B. & Sloan, D. (2000b). Performance of four strains of commercial layers with major changes in dietary energy. *Journal of Applied Poultry Research, 9: 535-541.*

Hayse, P. L. & Marison, W. W. (1973). Eviscerated yield, component parts and meat, skin & bone ratios in the chicken broiler. *Poultry Science, 52(2): 718-722.*

Hemening, D. A. (1992). *Clinical Haematology of Homeostasis* (2nd edition). Filadélfia, EUA: E. A. Davis Co.

Herfjord, T., Osthagen, H., & Saelthun, N. R. (1994). O jacinto de água - com foco na distribuição, controlo e evapotranspiração. Publicação nº 1 da Administração Norueguesa de Recursos Hídricos e Energia. Oslo, Noruega: Agência Norueguesa de Cooperação para o Desenvolvimento, 39 pp.

Holm, L. G., Plucknett, D. L., Pancho, J. V. & Herberger, J. P. (1991). *As piores ervas daninhas do mundo: Distribution & Biology.* Malabar, FL: Kreiger Publishing Co.

Igbinosun, J. E. & Talabi, S. O. (1982). Estudos sobre a nutrição do peixe-gato de água salobra: *Chrysichthys nigrodigitatus. Documento apresentado na 2ª Conferência da Sociedade de Pesca da Nigéria, Calabar, 24-27 de janeiro, 1982.*

Ige, A. O., Odunsi, A. A., Akinlade, J. A. & Ojedapo, I. O. (2006). Farinha de folhas de Gliricida na dieta de poedeiras: Efeito no desempenho, digestibilidade dos nutrientes e economia de produção. *Journal of Animal and Veterinary Advances, 5(6): 483-486.*

Iyayi, E. A., Taiwo, V. O. & Fagbohun, A. O. (2005). Desempenho, caraterísticas da carcaça, estudos hematológicos e histopatológicos de frangos de carne alimentados com dietas à base de farinha de feijão Mucuna *(Mucuna utilis)*. *Israel Journal of Veterinary Medicine, 60(2): 51-58*

Isikwenu, J. O., Akpodiete, O. J., Omeje, S. I. & Okagbare, G. O. (2010). Os efeitos da substituição do bagaço de amendoim por grãos secos de cerveja fermentados e tratados com ureia na digestibilidade dos nutrientes, na retenção e nas caraterísticas da carcaça de frangos de carne. *Nigerian Journal of Animal Production, 37(1): 1-12.*

Jadhav, N. V. & Siddiqui, M. F. (2010). *Handbook of Poultry Production and Management* (2nd edition). Nova Deli, Índia: Jaypee Brothers Medical Publishers Ltd.

Jain, N. C. (1993). *Essentials of Veterinary Hematology (Fundamentos da Hematologia Veterinária).* Filadélfia, EUA: Lea & Febiger.

Jaime, S. & Howlett, J. C. (2008). *Avian Medicine* (2nd edition). EUA: Mosby Elevier, pp. 46.

Jantrarotia, P. (1991). Utilização de jacinto-de-água e de pennywort no tratamento de águas residuais de aviários. *Dissertation Abstracts of International Basic Sciences and Engineering, vol. 51, no. 11.*

Jendrassik, L. & Grof, P. (1938). Determinação *in vitro* da bilirrubina total e direta no soro. *Journal of Biochemistry, 299: 81 - 83.*

Jianquing, D., Ren, W., Weidong, F. & Guoliang, Z. (2000). Jacinto de água na China: A sua distribuição, problemas e situação de controlo. In: Biological and Integrated Control of Water Hyacinth, *Eichhornia crassipes. Actas da 2ª reunião do grupo de trabalho mundial para o controlo biológico e integrado do jacinto de água, Pequim, China, 9-12 de outubro de 2000.*

Joffee, S. & Cooke, S. (1997). Management of water hyacinth and other invasive aquatic weeds: Issues for the World Bank. *Relatórios Internos do Banco Mundial, Washington, DC, p.36.*

Julien, M. H. (2000). Controlo biológico do jacinto de água com artrópodes: A Review to 2000. In: Biological and Integrated Control of Water Hyacinth, *Eichhornia crassipes. Actas da* 2ª *reunião do grupo de trabalho mundial para o controlo biológico e integrado do jacinto de água, Pequim, China, 9-12 de outubro de 2000.*

Kakengi, A. M. V., Kaijage, J. T., Sarwatt, S. V., Mutayoba, S. K., Shem, M. N. & Fujihara, T. (2007). Efeito da farinha de folhas de *Moringa olefeira* como substituto da farinha de sementes de girassol no desempenho de galinhas poedeiras na Tanzânia. *Livestock Research for Rural Development, Volume 19, Artigo 120.* Recuperado de http://www.lrrd.org/lrrd19/8/kake19120.htm em junho de 2011.

Khan, M. N. G. A. & Thyagarajan, G. (1988). Jacinto de água: Antecedentes Históricos e Iniciativa CSC. In: Water hyacinth, menace and resource. *Actas de um Workshop Internacional realizado em Lagos, Nigéria, 7-12 de agosto de 1988. Editores, Oke, O. L., Imevbore, A. M. A. & Farri, T. A., Publicação do Ministério Federal da Ciência e Tecnologia.*

Kidd, M. T., Ferket, P. R. & Garlich, J. D. (1997). Funções nutricionais e osmoregulatórias da betaína. *World Poultry Science Journal, 53: 125-139.*

Kikuchi, T., Takagi, M., Tokuhisa, E., Suzuki, T., Panjaitan, W. & Yasuno, M. (1997). O jacinto de água (*Eichhornia crassipes*) como indicador da ausência de larvas *de Anopheles suncaicus. Medical Entomology and Zoology, 48 (1): 11-18.*

Kim, S. S. & Radecki, J. (2004). *Gale Nutrition and Well-being, A to Z.* Nova Iorque, EUA: The Gale Group Inc., Macmillan Reference.

Kingori, A. M., Tuitoek, J. K., Muiruri, H. K. & Wachira, A. M. (2003). Protein requirements of growing indigenous chickens during the 14-21 weeks growing period (Necessidades proteicas de frangos indígenas em crescimento durante o período de crescimento de 14-21 semanas). *South African Journal of Animal Science, 33(2): 78-82.*

Konyeme, J. E., Sogbesan, A. O. & Ugwumba, A. A. A. (2006). Valor nutritivo e utilização de farinha de jacinto de água (*Eichhornia crassipes*) como suplemento de proteína vegetal na dieta de alevins *de Clarias gariepinus* (Burchell, 1822) (Pisces: *Claridae). African Scientist, 7(3): 127-133.*

Kumar, V., Sinha, A. K., Makkar, P. S. & Becker, K. (2010). Papéis dietéticos do fitato e da fitase na nutrição humana: A review. *Food Chemistry, 120(4): 945-959.*

Lamidi, A. W., Fanimo, A. O., Eruvbetine, D. & Biobaku, W. O. (2008). Efeito de níveis graduais de resíduos de esmagamento de ananás (*Ananas comosus* L. Meer) no desempenho, rendimento da carcaça e parâmetros sanguíneos de frangos de carne. *Nigerian Journal of Animal Production, 35(1): 40-47.*

Leeson, S. (2006). Definição e previsão de alterações nas necessidades nutricionais das aves de capoeira. *XII European Poultry Conference, setembro de 2006, Verona-Itália, CD de Resumos e Actas.*

Leeson, S. & Summers, J. D. (1997). *Commercial Poultry Nutrition* (2nd edition). Ontário, Canadá: University Books, Guelph.

Leeson, S. & Summers, J. D. (2001). *Scott's Nutrition of the Chicken* (5th edition). Ontário, Canadá: University Books, Guelph.

Lukas, G. M. & Markakes, P. (1975). Ácido fítico e outros compostos de fósforo do feijão-marinho *(Phaseolus vulgaris). Journal of Agriculture and Food Chemistry, 23 (1): 13-15.*

Lukic, M., Pavlovski, Z. & Skvbic, Z. (2009). Nutrição mineral de genótipos modernos de aves de capoeira. *Biotechnology in Animal Husbandry, 25(5-6): 399-409.*

Maga, J. A. (1982). Fitato: A sua química, ocorrência, interação alimentar, significado nutricional e método de análise. *Jornal de Ciência, Alimentação e Agricultura, 30: 1-9.*

Malau-Aduli, B. S., Eduvie, I. O., Lakpini, C. A. M. & Malau-Aduli, A. E. O. (2003). Variações no peso vivo ganho, produção e composição do leite de cabras Red Sokoto alimentadas com suplementos à base de resíduos de culturas na zona sub-húmida da Nigéria. *Livestock Production Science, 83: 6371. Disponível online @ www.scientificcommons.org/53482086*

Mangisah, I., Wahyuni, H. I., Tristiarti, Surmarshi, S. & Setyaningrum, S. (2010). Valor nutritivo da folha de jacinto de água fermentada (*Eichhornia crassipes*) com *Aspergilus niger* em pato Tegal. *Produção Animal, 12(2): 100-104.*

Manyong, V. M., Ikpi, A., Olayemi, J. K., Yusuf, S. A., Omonona, B. T., Okoruwa, V. & Idachaba, F.S. (2005). Agriculture in Nigeria: Identifying opportunities for increased commercialization and investments. *IITA, Ibadan, Nigéria, 2005, p.159.*

Mateos, G. G., Martin, F. Latorre, M. A., Vincente, B. & La Zaro, R. (2006). Inclusão de cascas de aveia em dietas para suínos jovens à base de milho cozido ou arroz cozido. *Animal Science, 82: 57-63.*

McDowell, L. R. (2003). *Minerals in animal and human nutrition (Minerais na nutrição animal e humana*). EUA: Elsevier Health Sciences, pp. 1-9.

Moller, A. P., Biard, C., Blount, J. D., Houston, D. C., Ninni, P., Saino, N. & Surai, P. F. (2000). Sinais dependentes de carotenóides: indicadores de eficiência forrageira, imunocompetência ou capacidade de desintoxicação. *Avian Poultry Biology Review, 11: 137-159.*

Moreland, A. F., Collins, B. R., Hansen, C. A. & O'Brien, R. (1991). Jacinto de água cultivado em águas residuais como ingrediente de comida para coelhos. *Journal of Aquatic Plant Management, 29: 3239.*

Morrison, F. B. (1975). *Feeds and Feeding* (9th edition). Nova Iorque, EUA: Morrison Publishing Company, Vail-Ballou Press Inc. Binghamton.

Mukherjee, T. K. (1992). Utilidade das raças autóctones e dos efectivos importados para a produção avícola em climas quentes. In: *Congresso Mundial de Avicultura, 20-24 de setembro de 1992. Amesterdão, Países Baixos.*

Munira, K. N., Uddin, M. J., Faruque, S., Parvez, M. S., Miah, M. Y. & Siddiqui, M. S. I. (2006). Estudo comparativo das caraterísticas da carcaça de diferentes grupos genéticos de galinhas usadas no Bangladesh. *International Journal of Poultry Science, 5:178-180.*

Nuhu, B., Abba, A. & Amina, L. (2008). A rentabilidade dos frangos de carne criados com níveis graduais de dietas à base de miudezas de milho e de trigo. *Actas da 13.ª Conferência Anual da Associação de Ciência Animal da Nigéria (ASAN), realizada em LAUTECH, Ogbomosho, Nigéria, de 14 a 17 de setembro de 2009, pp. 455-458.*

Nwajiuba, C. U., Munonye, J. O. & Ekenyem, B. (2010). A utilização da erva daninha do Sião *(Chromolaena odorata*) na alimentação de aves de capoeira poedeiras. *Jornal Internacional de Desenvolvimento Agrícola e Rural, 1(3): 152-159.*

Nworgu, F. C. & Fasogbon, F. O. (2007). Centrosema (*Centrosema pubescens*) leaf meal as protein supplement for pullet chicks and growing pullets. *International Journal of Poultry Science, 6(4): 255-260.*

NRC (1994). Nutrient Requirements of Domestic Animals (Necessidades de nutrientes dos animais domésticos). 1. Nutrient Requirements of Poultry (Necessidades de nutrientes das aves de capoeira).

Academia Nacional de Ciências, 1994, Washington DC, EUA.

Obun, C. O., Yahaya, M. S., Olafadehan, O. A., Kehinde, A. S., Adeyemi, O. A., Faruk, I. S. & Allison, D.S.(2010). Effect of honey-flavoured diets on the performance and relative organ weights of finisher broiler chickens. *Nigerian Journal of Animal Production, 38(1): 64-72.*

Ocheja, J. O., Lalabe, B. C., Okpanachi, U., Atabor, J. O. & Anaja, A. (2012). Desempenho e parâmetros hematológicos de frangas alimentadas com diferentes níveis de resíduos de castanha de bambara. *Revista Internacional de Agricultura e Desenvolvimento Rural, 15(2): 1099-1103.*

Odunsi, A. A. (2003a). Mistura de sangue bovino e digesta ruminal como substituto da farinha de peixe e do bagaço de amendoim em dietas para poedeiras. *International Journal of Poultry Science, 2(1): 58-61.*

Odunsi, A. A. (2003b). Avaliação da farinha de folhas de *Lablab purpureus* como ingrediente alimentar e agente corante da gema na dieta de poedeiras. *International Journal of Poultry Science, 2(1): 7174.*

Ogunfowora, O. (1984). Estrutura de custos e retornos na fábrica de rações. In: Workshop de Formação em Gestão de Fábricas de Rações. Departamento de Economia Agrícola, Universidade de Ibadan, Ibadan.

Ogunye, O. (1988). Jacinto de água - experiência nigeriana. In: Water hyacinth, menace and resource (Jacinto de água, ameaça e recurso). *Actas de um Workshop Internacional realizado em Lagos, Nigéria, 7-12 de agosto de 1988. Editores, Oke, O. L., Imevbore, A. M. A. & Farri, T. A., Publicação do Ministério Federal da Ciência e Tecnologia.*

Ojeifo, M., Ekokotu, P. A., Olele, N. F. & Ekelemu, J. K. (2001). Uma revisão da utilização do jacinto de água: Medidas de controlo alternativas e sustentáveis para uma erva daninha nociva. Recuperado de http://aquacomm.fcla.edu/966/1/WH 071-078.pdf em outubro de 2010.

Olaleye, V. F. & Akinyemiju, O. A. (1996). Effect of a glyphosate [N-(phosphonomethyl) glycine] application to control *Eichhornia crassipes* (Mart.) on fish composition and abundance in the Abiala Creek, Niger Delta, Nigeria. *Jornal de Gestão Ambiental, 47(2): 115-122.*

Olomu, J. M. (1995). *Monogastric Animal Nutrition: Principles and Practice* (1st edition). Benin-City, Nigéria: A Jackem Publications.

Olomu, J. M. (2011). *Nutrição de Animais Monogástricos: Principles and Practice* (2nd edition). Benin-City, Nigéria: St. Jackson Publishing.

Olorede. B. R. & Longe, O. G. (1999). Crescimento, retenção de nutrientes, hematologia e química do soro de pintos alimentados com bolo de manteiga de karité nos trópicos húmidos. *Archivos de Zootecnia, 49: 441-444.*

Olugbemi, T. S., Mutayoba, S. K. & Lekule, F. P. (2010). Farinha de folhas de *Moringa olefeira* como agente hipocolesterolémico em dietas de galinhas poedeiras. *Livestock Research for Rural Development, Volume 22, Artigo 84.* Recuperado de http://www.lrrd.org/lrrd22M/olug22084.htm em maio, 2012.

Onwudike, O. C. (1983). Effect of different protein levels on the performance of laying birds in a tropical environment. *Tropical Animal Production, 8:157-161.*

Osakwe, C. (2006). Uma visão geral da influência aviária na Nigéria. *Documento apresentado num workshop de um dia realizado em Enugu, Nigéria, 2006.*

Oso, B. A. (1988). Invasão dos cursos de água nigerianos pelo jacinto de água: observações ecológicas e biológicas. In: Water hyacinth, menace and resource. *Actas de um Workshop Internacional realizado em Lagos, Nigéria, 7-12 de agosto de 1988. Editores, Oke, O. L., Imevbore, A. M. A. & Farri, T. A., Publicação do Ministério Federal da Ciência e Tecnologia.*

Ososanya, T. O., Odubola, O. T. & Shuaib-Rahim, A. (2013). Consumo, digestibilidade de nutrientes e ecologia ruminal de ovelhas anãs da África Ocidental alimentadas com dietas suplementadas com óleo de palmiste e miudezas de trigo. *International Journal of AgriScience, 3(5): 380-386.*

Penganova, S., Hirche, F. & Eder, K. (2003). Requirement of tryptophan in relation to the supply of large neutral amino acids in laying hens. *Poultry Science, 82: 815-822.*

Prospeto da Escola de Pós-Graduação (2009-2013). Universidade Federal de Tecnologia, Minna, Estado do Níger, Nigéria, p.1.

Ação prática (2008). Water hyacinth control and possible uses (Controlo do jacinto de água e possíveis utilizações). *Technical Brief, The Schumacher Centre for Tecnology and Development, Bourton on Dunsmore, Rugby, Warwickshire, CV23 9QZ, REINO UNIDO.* Obtido de http://www.practicalaction.org/practicalanswers/checkout success.php em maio de 2009.

Rahman, M. M., Ishii, Y., Niimi, M. & Kawamura, O. (2010). Efeitos interactivos da fertilização com azoto e potássio no teor de oxalato do capim-napier (*Pennisetum purpureum*). *Asian- Australasian Journal of Animal Science, 23(6): 719-723.*

Reinhold, J. C. (1953). Determinação manual das fracções de albumina e globulina das proteínas totais do soro pelo método da bureta. In: *Standard Method of Clinical Chemistry.* M. Reiner (ed). New York: Academic Press, p. 88.

Reitman, S. & Frankel, S. (1957). Quantitative *in vitro* determination of glutamic-pyruvic transaminase in serum. *American Journal of Clinical Pathology, 28: 56 - 59.*

Rostagno, H. S. Bunzen, S., Sakomura, N. K. & Albino, L. F. T. (2007). Melhorias metodológicas na avaliação de alimentos e exigências nutricionais para aves e suínos. *Revista Brasileira de Zootecnia, 36: 295-304.*

Russel, G. B. & Harms, R. H. (1999). Tryptophan requirement of the commercial hen. *Poultry Science, 78: 1283-1285.*

SAS (2000). Statistical Analytical Systems. *Guia do utilizador,* SAS Institute, Cary, Carolina do Norte, EUA.

Sculthorpe, C. D. (1985). *The Biology of Aquatic Vascular Plants (A Biologia das Plantas Vasculares Aquáticas).* Konigstein, Alemanha Ocidental: Koeltz Scientific Books.

Shabana, Y. M., Elwakil, M. A. & Charudattan, R. (2000). Controlo biológico do jacinto de água por um micoherbicida no Egito. In: Biological and Integrated Control of Water Hyacinth, *Eichhornia crassipes. Actas da 2ª reunião do grupo de trabalho mundial para o controlo biológico e integrado do jacinto de água, Pequim, China, 9-12 de outubro de 2000.*

Sharma, B. M. & Edem, E. S. (1988). Estudos ecofisiológicos sobre o jacinto de água nas águas da Nigéria. In: Water hyacinth, menace and resource. *Actas de um Workshop Internacional realizado em Lagos, Nigéria, 7-12 de agosto de 1988. Editores, Oke, O. L., Imevbore, A. M. A. & Farri, T. A., Publicação do Ministério Federal da Ciência e Tecnologia.*

Silva, J. H. V., Albino, L. F. T., Rostagno, H. S., Gomes, P. C. & Euclydes, R. F. (2000). Exigência de lisina para criação de frangas tipo ovo de 7 a 12 semanas de idade. *Revista Brasileira de Zootecnia, 29(6): 1786-1794.*

Singh, L. (1997). Gestão da fertilidade do solo: The key to high crop productivity. *Série de Palestras Inaugurais Nº 6, Universidade Abubakar Tafawa Balewa, Bauchi, p.15.*

Soerjani, M. (1984). Experiência da Indonésia na utilização do jacinto de água. *Actas da Conferência Internacional sobre Jacinto de Água, Hydrabad, Índia, fevereiro, 7-11, 1984.*

Sonaiya, E. B. (1995). Feed resources for small holder poultry production in Nigeria (Recursos alimentares para a produção avícola em pequena escala na Nigéria). *World Animal Review, 82 (1): 25-33.*

Sotolu, A. O. & Sule, S. O. (2011). Digestibilidade e desempenho da farinha de jacinto de água nas dietas de Peixe-gato africano (*Clarias gariepinus*; Burchell, 1822). *Tropical and Subtropical Agroecosystems, 14: 245-250.*

Sugandi, D. H., Bird, H. R., & Atmadilaga, D. (1975). The effect of different energy and protein levels on the performance of laying hens in floor pens and cages in the tropics. *Poultry Science, 54: 1107-1114.*

Suksombat, W. & Buakeeree, K. (2005). Utilização da farinha de luzerna (*Desmathus virgatus*) como suplemento proteico em dietas para poedeiras. *Suranaree Journal of Science and Technology, 13(2): 181-187.*

Tacher, G. Letenneur, L. & Camus, E. (2000). Anais da Academia de Ciências de Nova Iorque, 916: 41-49. *Conferência Bienal da Sociedade de Medicina Veterinária Tropical 5, 199906-12/1999-06-16, Key West, Etats-Unis.*

Taylor, K. G. & Robbins, R. C. (2012). A composição de aminoácidos do jacinto de água (*Eichhornia crassipes)* e seu valor como suplemento protéico. *Hyacinth Control Journal, 7: 24-25.*

Tessmann, D. J., Charudattan, R., Kistler, H. C. & Rosskopf, E. N. (2001). Caracterização molecular de espécies de *Cercospora* patogénicas para o jacinto de água e emenda de *C. piaropi. Mycologia, 93(2): 323-334.*

Tham, H.T. & Uden, P. (2013). Efeito da silagem de jacinto de água *(Eichhorniacrassipes)* na ingestão e digestibilidade dos nutrientes em bovinos alimentados com palha de arroz e bagaço de algodão. *Asian-Australasian Journal of Animal Science, 26(5): 646-653.*

Tietz, N. W. (1995). Determinação de proteínas, pp. 518 - 519. In: Tietz, N. W. (Ed.) *Clinical Guide to Laboratory Tests,* 3rd ed., Philadelphia: WB Saunders.

Togashi, C. K., Fonseca, J. B., Soares, R. T. R. N. & Souza, C. L. M. (2002). Exigências de metionina + cistina por galinhas poedeiras de ovos marrons alimentadas com dietas contendo levedura seca *(Saccharomyces cerevisiae). Revista Brasileira de Zootecnia, 31(3): 1426-1433.*

Ugwu, D. S. (2007). Economic impact of Avian bird flu on the poultry industry in Nigeria (Impacto económico da gripe aviária na indústria avícola da Nigéria). *Jornal de Ciências Sociais do Paquistão, 4(4): 518-524.*

USDA, ARS (25 de abril de 2008). Programa Nacional de Recursos Genéticos, Rede de Informação sobre Recursos de Germoplasma - (GRIN). Laboratório Nacional de Recursos de Germoplasma, Beltvile, Maryland. http://www.ars-grin.gov/cgi-bin/npgs/html/taxon.pl7316411

Valerio, S. R., Soares, P. R., Rostagno, H. S., Silva, M. A., Albino, L. F. T., Lana, G. R. Q., Goulart, C. C. & Kill, J. L. (2000). Determinação da exigência nutricional de treonina para galinhas poedeiras de ovos brancos e ovos marrons. *Revista Brasileira de Zootecnia, 29(2): 518-524.*

Van Soest, P. J. (1981). Factores limitantes dos resíduos vegetais de baixa biodegradabilidade. *Agricultura e Ambiente,* 6(2-3): 135-143.

Van Soest, P. T., Robertson, J. B. & Lewis, B. A. (1998). Method for dietary fibre, neutral detergent fibre and non-starch polysaccharides in relation to animal nutrition. *Journal of Dairy Science, 74: 3583-3597.*

Vilarino, M., Picard, M., Melcion, J. P. & Faure, J. M. (1996). Adaptação comportamental das galinhas poedeiras à diluição de dietas sob a forma de puré e de granulado. *British Poultry Science, 37: 895907.*

Waldroup, P. W. & Hellwig, H. M. (1995). Methionine and total sulphur amino acid requirements by stage of production. *Journal of Applied Poultry Research, 4: 283-292.*

Weber, G. M. (2009). Improvement of flock productivity through supply of vitamins for higher laying performance and better egg quality (Melhoria da produtividade do bando através do fornecimento de vitaminas para um melhor desempenho da postura e uma melhor qualidade dos ovos). *World's Poultry Science Journal, 65: 443457.*

Yan, F., Keen, C. A., Zhang, K. Y. & Waldroup, P. W. (2005). Comparação de métodos para avaliar a mineralização óssea. *Journal of Applied Poultry Research, 14: 492-498.*

Zollitsch, W., Cao, Z., Peguri, A., Zhang, B., Cheng, T. & Coon, C. (1996). Nutrients requirements of laying hens. In: *Simpósio Internacional sobre Exigências Nutricionais de Aves e Suínos. Departamento de Zootecnia, Universidade Federal de Vigosa, Vigosa- MG-Brasil, pp.109-159.*

APÊNDICE

ABREVIATURAS, GLOSSÁRIOS E SÍMBOLOS

ADF	Fibra de detergente ácido
ADL	Lignina de detergente ácido
ADN	Digestibilidade aparente do nutriente
Alb	Albumina (uma proteína do sangue)
ALP	Fosfatase alcalina
ALT	Alanina aminotransferase ou alanina transaminase
AST	Aspartato aminotransferase ou aspartato transaminase
AME	Energia metabolizável aparente
AME_n	Energia metabolizável aparente corrigida em função do azoto
ANF	Factores anti-nutricionais
ANOVA	Análise de variância
AOAC	Associação dos Químicos Analíticos Oficiais
BC	Conjugado de bilirrubina

BT	Bilirrubina total
BWD	Diarreia branca bacilar
Ca	Cálcio
CF	Fibra bruta
PC	Proteína bruta
CRD	Desenho completamente aleatório
Cu	Cobre
Cys	Cistina (um aminoácido não essencial)
DE	Energia digerível
DM	Matéria seca
EDTA	Ácido etilenodiamino tetra-acético
EE	Extrato etéreo
ENE	Eficiência energética
UE	União Europeia
EWT	Peso eviscerado

FAO	Organização das Nações Unidas para a Alimentação e a Agricultura
FCR	Rácio de conversão alimentar
Fe	Ferr o
FUE	Eficiência de utilização dos alimentos para animais
PIB	Produto Interno Bruto
GIT	Trato intestinal Gasro
Glo	Globulina (uma proteína do sangue)
GM	Margem bruta
GP	Lucro bruto
Hb	Concentração de hemoglobina
HCO.	Ião bicarbonato
K^+	Ião de potássio
Lys	Lisina (um aminoácido essencial)
MCH	Hemoglobina corpuscular média
MCHC	Concentração média de hemoglobina corpuscular

MCV Volume corpuscular médio

ME Energia metabolizável

Met Metionina (umdos osaminoácidosaminoácidosessenciais)

Mg^{2+} Ião de magnésio

Mn^{2+} Ião manganês

Na^{+} Ião de sódio

NDF Fibra de detergente neutro

NFE Extrato isento de azoto

NIAS Instituto Nigeriano de Ciência Animal

NRC Conselho Nacional de Investigação

NTA Autoridade de Televisão da Nigéria

NVMA Associação Nigeriana de Médicos Veterinários

P Elemento fósforo

Pb^{2+} Ião de chumbo

PCV Volume celular ou valor do hematócrito

PER Rácio de eficiência proteica

RBC Concentração de glóbulos vermelhos

SAS Sistemas Analíticos Estatísticos

NDT Nutriente digestível total

TME	Energia metabolizável verdadeira
TP	Proteína total
REINO UNIDO	Reino Unido
AGV	Ácido gordo volátil
WBC	Concentração de glóbulos brancos
WHM	Farinha de jacinto de água
OMS	Organização Mundial de Saúde
WO	Miudezas de trigo
Zn^2	Ião de zinco

MIX
Papier aus verantwortungsvollen Quellen
Paper from responsible sources
FSC® C105338

Printed by Books on Demand GmbH, Norderstedt / Germany